Felix Woyan

Prozessmodell für das Hinterspritzen von Dekorfolien in der In-Mould-Labeling Technik

Fertigungstechnik –
aus den Grundlagen für die Anwendung

Schriften aus der Ilmenauer Fertigungstechnik

Herausgegeben von
Univ.-Prof. Dr.-Ing. habil. Jean Pierre Bergmann
(Technische Universität Ilmenau).

Band 15

Prozessmodell für das Hinterspritzen von Dekorfolien in der In-Mould-Labeling Technik

Felix Woyan

Universitätsverlag Ilmenau

2023

Impressum

Bibliografische Information der Deutschen Nationalbibliothek
Die Deutsche Nationalbibliothek verzeichnet diese Publikation in der Deutschen Nationalbibliografie; detaillierte bibliografische Angaben sind im Internet über http://dnb.d-nb.de abrufbar.

Diese Arbeit hat der Fakultät für Maschinenbau der Technischen Universität Ilmenau als Dissertation vorgelegen.

Tag der Einreichung:	24. Februar 2022
1. Gutachter:	Univ.-Prof. Dr.-Ing. habil. Jean Pierre Bergmann (Technische Universität Ilmenau)
2. Gutachter:	Prof. Dr.-Ing. Thomas Seul (Hochschule Schmalkalden)
3. Gutachter:	Prof. Dr.-Ing. Michael Gehde (Technische Universität Chemnitz)
Tag der Verteidigung:	31. August 2022

Technische Universität Ilmenau/Universitätsbibliothek
Universitätsverlag Ilmenau
Postfach 10 05 65
98684 Ilmenau
https://www.tu-ilmenau.de/universitaetsverlag

ISSN	2199-8159
ISBN	978-3-86360-262-8 (Druckausgabe)
DOI	10.22032/dbt.53463
URN	urn:nbn:de:gbv:ilm1-2022000337

DANKSAGUNG

Die vorliegende Arbeit entstand während meiner Tätigkeit als wissenschaftlicher Mitarbeiter am Fachgebiet Kunststofftechnik der TU Ilmenau und als Mitarbeiter der Schuster Kunststofftechnik GmbH. Ich danke den Mitarbeiterinnen und Mitarbeitern des Fachgebietes Kunststofftechnik der TU Ilmenau und allen voran Professor Dr.-Ing. Michael Koch (†). Darüber hinaus möchte ich mich bei den Geschäftsführern der Schuster Kunststofftechnik GmbH Ralf Urban und Roland Beil für die fortwährende Unterstützung und die vielen Freiräume bedanken. Besonders wertvoll waren die zahlreichen Diskussionen mit den ehemaligen Geschäftsführern Volker Schuster und Bruno Manz, aus denen sich die inhaltlichen Fragestellungen der vorliegenden Arbeit entwickelt haben.

Professor Dr.-Ing. habil. Jean Pierre Bergmann danke ich für die exzellente Betreuung und die zahlreichen wertvollen Hinweise. Professor Dr.-Ing. Thomas Seul möchte ich für die inhaltlichen Diskussionen und für das Zweitgutachten und Professor Dr.-Ing. Michael Gehde für das Drittgutachten danken.

Besonders danke ich den Personen, die mich bei der Erstellung der Arbeit unterstützt haben: Dr.-Ing. Klaus Schricker für die vielen nützlichen Hinweise zur Erstellung einer solchen Arbeit; den ehemaligen Studenten Fabian Wetzel, Lukas Niebler und Florian Walther für die im Rahmen von Abschlussarbeiten gewonnen Erkenntnisse; meinen Arbeitskollegen Jonas Reinhardt und Antonia Frank für die vielen Messungen sowie Andreas Jarry für die praktische Unterstützung beim Spritzgießen und den vielen Hinweisen aus der Serienproduktion.

Während der Erstellung dieser Arbeit, hat mich meine Familie mit ganzer Kraft unterstützt. Lisa hat mir stets den Rücken sowie die Abende und Wochenenden freigehalten. Mein Sohn Maximilian hatte immer ein Lächeln für den müden Papa. Dafür danke ich euch beiden von ganzem Herzen. Die vorliegende Arbeit ist das Ende eines langen Weges. Meinen Eltern Katrin und Bernd Woyan danke ich für ihre unermüdliche Unterstützung und dass sie mir diesen Weg ermöglicht haben.

ZUSAMMENFASSUNG

Das Folienhinterspritzen ist ein spezielles Spritzgießverfahren zur Dekoration und Funktionalisierung von Kunststoffoberflächen. Dabei wird eine transparente Kunststofffolie bedruckt, verformt und hinterspritzt. Die Vorteile des Verfahrens liegen in der Oberflächenqualität und den zahlreichen Dekorationsmöglichkeiten. Nachteilig sind die hohen Investitionskosten, die sich meist nur durch hohe Stückzahlen und einer Vollauslastung der Maschine rechtfertigen lassen. Ansatzpunkte, die Wirtschaftlichkeit zu erhöhen, liegen in der Reduzierung der Zykluszeiten und der Ausschussraten.

Typische Fehlerbilder beim Folienhinterspritzen sind die Auswaschung der aufgedruckten Dekore durch den Hinterspritzvorgang, Gestaltabweichungen wie Verzug und die Ablösung der Folie vom Träger. Der Arbeit liegt die These zugrunde, dass die Formteilqualität auf die Wechselwirkung zwischen thermischen und mechanischen Randbedingungen zurückgeführt werden kann. Basierend auf einer systematischen Verfahrensanalyse und einer analytischen Betrachtung der thermischen und mechanischen Einflussfaktoren, wird ein grundlegendes Prozessverständnis erarbeitet. Dies erfolgt unter Berücksichtigung von Prozess-, Material- und Geometriegrößen.

Auswaschungen resultieren aus thermischen und mechanischen Folienbelastungen. Dabei können zwei wesentliche Entstehungsmechanismen abgeleitet werden, die von der Wandschubspannung und den Temperaturen abhängen. Es wird gezeigt, dass die Wirkungsweise von Schmelzetemperatur und Einspritzgeschwindigkeit von der Höhe der Wandschubspannung abhängt. Die Verbundfestigkeit wird anhand von bedruckten und unbedruckten Folien untersucht, wobei sich unterschiedliche Zusammenhänge zeigen. Während bei unbedruckten Folien die Verbundfestigkeit mit der thermischen Energie in der Grenzschicht steigt, liegt der Einfluss der Prozessparameter bei bedruckten Folien im Bereich der doppelten Standardabweichung. Ferner wird in der vorliegenden Arbeit erstmals die Orientierung betrachtet. Dabei zeigt sich ein vom Fließweg abhängiger Orientierungsverlauf sowie eine Abnahme der Orientierung mit den Temperaturen. Analog hierzu nimmt auch der Formteilverzug mit einem steigenden Temperaturniveau ab, da hohe Temperaturen zu einer Reduzierung der Schwindungsdifferenzen zwischen Folie und Träger führen.

Abschließend werden die Erkenntnisse in einem qualitativen Prozessmodell zusammengefasst, das die Haupteinflussfaktoren auf die Formteilqualität beinhaltet und eine Prozessoptimierung zulässt.

ABSTRACT

Film insert molding is a special injection molding process for the decoration and functionalization of plastic surfaces. A transparent plastic film is printed, formed and over molded with plastic substrate. The advantage of the process is the surface quality and numerous decoration possibilities. The disadvantages are the high investment costs which can be justified by high production volumes and full utilization of the machine. Starting point to increase the cost-effectiveness is the reduction of cycle times and reject rates.

Typical defects of the parts are washout of the printed decor, warpage and inadequate bonding strength between film and substrate. This thesis is based on the theory that the resulting part quality can be attributed to the interaction between thermal and mechanical boundary conditions. Based on a systematic process analysis and an analytical investigation of the thermal and mechanical influencing factors, a fundamental understanding of the process is developed. This is conducted considering variables in process, material and geometry.

The investigations have shown that washout results from thermal and mechanical stress on the film caused by the molten substrate. Two main mechanisms causing washout were found, both of which correlate to wall shear stress and process temperatures. Depending on these mechanisms different effects of melt temperature and injection speed were found. To investigate the bonding strength between the film and the substrate, printed and unprinted films were used. While the bonding strength between substrate and unprinted films increases with the thermal energy in the boundary layer, the influence of the process parameters on printed films lies in the range of twice the standard deviation. Furthermore, orientations are investigated for the first time in the present thesis. It was shown that the orientation is related to the melt flow and that the orientation decreases with temperatures. Warpage decreases with an increasing temperature level since high temperatures lead to a reduction in shrinkage differences between film and substrate.

Finally, the findings were summarized in a qualitative process model which includes the main influencing factors of the part quality and allows a holistic process optimization.

INHALT

1 EINLEITUNG

Das Folienhinterspritzen ist ein spezielles Spritzgießverfahren zur Dekoration und Funktionalisierung von Kunststoffoberflächen. Dabei wird eine transparente Kunststofffolie bedruckt, verformt und entsprechend der Formteilgeometrie zugeschnitten. Anschließend wird diese Folie in ein Spritzgießwerkzeug eingelegt und mit Kunststoff hinterspritzt. Der hinterspritzte Kunststoff wird als Trägermaterial bezeichnet, da dieser die Kunststofffolie trägt und dem Formteil seine Stabilität gibt. Die Vorteile des Verfahrens liegen in der Oberflächenqualität und den zahlreichen Dekorationsmöglichkeiten. Durch die Kunststofffolie werden optische Mängel infolge des Spritzgießens oder Materialverunreinigungen kaschiert. Nachteilig sind die hohen Investitionskosten in Werkzeuge für die einzelnen Prozessschritte (Drucken, Stanzen, Verformen und Hinterspritzen), die sich meist nur durch hohe Stückzahlen und einer Vollauslastung der Maschine rechtfertigen lassen. Ansatzpunkte, die Wirtschaftlichkeit zu erhöhen, liegen in der Reduzierung der Zykluszeiten und der Ausschussraten.

Typische Fehlerbilder beim Folienhinterspritzen sind die Auswaschung der aufgedruckten Dekore durch den Hinterspritzvorgang, Gestaltabweichungen wie Verzug oder Einfallstellen und die Ablösung der Folie vom Träger aufgrund einer zu geringen Verbundfestigkeit zwischen Folie und Träger. Aus Sicht der Serienfertigung stellt besonders die Auswaschung, aber auch die Wechselwirkungen zwischen den Fehlerbildern eine große Herausforderung dar [WSK14]. Auf Basis des gegenwärtigen Stands der Technik liegen nur vereinzelte Erkenntnisse zu den Einflussfaktoren auf die Fehlerbilder vor. Die Wechselwirkungen zwischen den Einflussgrößen sowie die Haupteinflussfaktoren sind unbekannt. Zudem gibt es keine systematischen Untersuchungen zum Einfluss der Prozess-, Material- und Geometriegrößen.

Schwerpunkt dieser Arbeit ist die Erarbeitung eines Prozessmodells zum Folienhinterspritzen, dass eine Beschreibung der Fehlerbilder in Abhängigkeit der Prozess-, Material- und Geometriegrößen zulässt. Abbildung 1.1 zeigt die Einspritzsituation mit den mechanischen und thermischen Einflussgrößen im Spritzgießwerkzeug. Dabei ist modellhaft der Fließkanalquerschnitt im Angussbereich dargestellt.

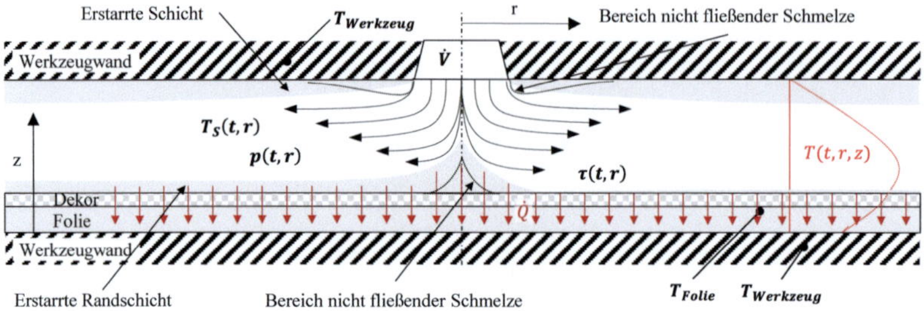

Abbildung 1.1: Modellhafte Beschreibung der Einspritzsituation mit mechanischen und thermischen Belastungen mit Randschichtbildung (links) und ohne (rechts) Randschichtbildung

Die bedruckte Kunststofffolie wird in das Spritzgießwerkzeug eingelegt und mit Kunststoff hinterspritzt. Während des Spritzgießens strömt die Kunststoffschmelze mit einer Schmelzetemperatur T_S und einem Volumenstrom $\dot{V}$ in das Werkzeug und trifft auf die Kunststofffolie mit dem aufgedruckten Dekor. Der Kunststoff breitet sich in Form einer Quellströmung im Werkzeug aus, bis die Kavität vollständig gefüllt ist. Dabei wirken thermische Belastung durch die Wärmeleitung $\dot{Q}$ und mechanische Belastung durch die Wandschubspannung τ zwischen Schmelze und Kunststofffolie, die zu einer Erwärmung der Kunststofffolie und zu einer Schubverzerrung der Folienoberfläche, der Dekorschicht, führen.

2 Stand der Technik

Ausgehend von einer Verfahrensbeschreibung sowie einer Abgrenzung der Varianten der Hinterspritztechnik, werden der Formteilaufbau und die damit verbundenen Eigenschaften beschrieben. Zusätzlich wird auf die Werkzeugtechnik und die Angusssysteme eingegangen, da diese sich vom konventionellen Spritzgießen unterscheiden. Anschließend erfolgt eine Analyse typischer Fehlerbilder beim Folienhinterspritzen und der bisherigen Erkenntnisse anhand des gegenwärtigen Stands der Technik. Viele Fehlerbilder werden auf bekannte Effekte zurückgeführt. Hierzu zählen die auftretende Wandschubspannung bei der Formteilbildung, Schwindungsphänomene, Randschichteffekte, Orientierungseffekte, Molekülorientierungen, thermische Effekte sowie das Verformungsverhalten der Kunststofffolien. Diese Effekte sind aus dem allgemeinen Spritzguss hinreichend bekannt und können auf das Folienhinterspritzen übertragen werden.

2.1 Hinterspritzverfahren und deren Abgrenzung

Hinterspritzverfahren sind spezielle Spritzgießverfahren und werden zu den einstufigen Dekorationsverfahren gezählt. Abbildung 2.1 zeigt schematisch die unterschiedlichen Verfahrensvarianten der Hinterspritztechnik.

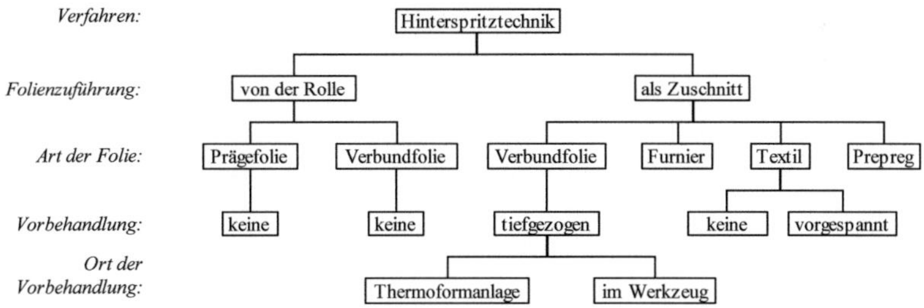

Abbildung 2.1: Übersicht zu Hinterspritzverfahren mit eingelegten Substraten [JoW04]

Eine dekorierte Folie wird dem Spritzgießwerkzeug von der Rolle oder als Zuschnitt zugeführt und anschließend hinterspritzt [JoW04]. Je nach Geometrie werden die Zuschnitte flach oder vorgeformt in das Werkzeug eingelegt.

Dabei können Prägefolien, Verbundfolien und Prepregs, aber auch Echtmaterialien wie Furniere oder Textilien hinterspritzt werden [BRE96].

Zu den häufigsten Hinterspritztechniken zählen die in Abbildung 2.2 gezeigte In-Mould-Decoration Technik (IMD) und die in Abbildung 2.3 gezeigte In-Mould-Labeling Technik (IML) [Bür97, JoW04].

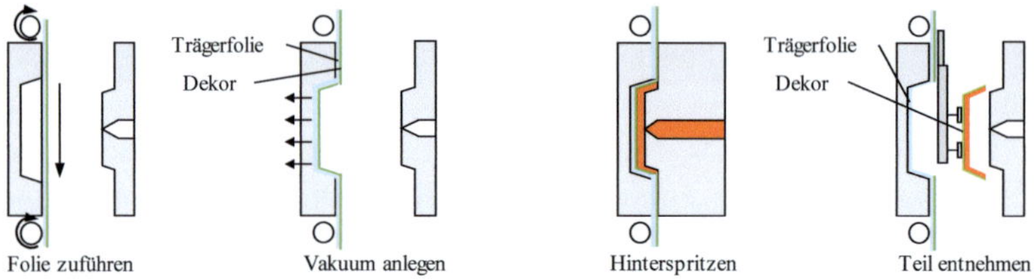

Abbildung 2.2: Verfahrensbeschreibung IMD-Prozess

Da es keine eindeutigen Bezeichnungen gibt, wird die IML Technologie teilweise auch als FIM (Film Insert Molding) bezeichnet.

Die IMD Technik ist ein Transferverfahren, bei dem eine ca. 25 µm dicke Trägerfolie von der Rolle über ein Vorschubgerät in das Werkzeug eingeführt und ggf. positioniert wird. Durch das Einwirken von Druck und Temperatur der Kunststoffschmelze löst sich das Dekor von der Trägerfolie und verbindet sich mit dem Kunststoffformteil. Der Trägerfilm verbleibt im Werkzeug und wird mithilfe des Vorschubgerätes dem Werkzeug entnommen. Dieses Verfahren wird überwiegend für großflächige und flache Formteile eingesetzt, da die Folie bei größeren Verformungen Falten wirft. Als typische Beispiele sind Zierblenden im Automobil oder Blenden für Waschmaschinen zu nennen.

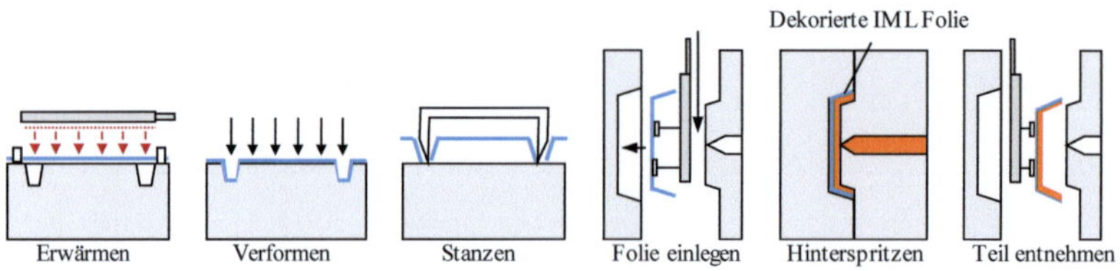

Abbildung 2.3: Verfahrensbeschreibung IML-Verfahren

In der IML Technik wird eine Kunststofffolie als Zuschnitt in das Werkzeug eingelegt und mit Kunststoff hinterspritzt. Die Folie verbindet sich mit dem

Kunststoff und verbleibt auf dem Formteil. Wird ein vorgeformter Zuschnitt ins Werkzeug eingelegt, spricht man vom pre-tailored Verfahren. Die Folien werden vor dem Hinterspritzen thermisch verformt und gestanzt. Im Gegensatz dazu erfolgt der Folienzuschnitt beim post-tailored Verfahren nach dem Spritzgießen. Dabei wird eine Flachfolie ins Werkzeug eingelegt, die über einen zusätzlichen Spannrahmen bzw. in der Trennebene fixiert wird. Einfache Folienumformungen können im einstufigen post-tailored Verfahren auch durch den Druck und die Temperatur der Schmelze realisiert werden. Für größere Umformgrade wird die Folie beim Schließen des Werkzeuges durch den Werkzeugkern bereits vorgeformt. [Wie03, StG97, Bür97, WiM99]

Im Gegensatz zur IMD-Technik können mit der IML-Technik dreidimensional verformte Formteile für Bedien- und Anzeigeelemente mit positionierten Symbolen hergestellt werden. Als typische Beispiele sind Verblendungen für Klimabedienteile, Navigationssysteme und Schalter zu nennen.

Im Vergleich zu den mehrstufigen Verfahren wie dem Laminieren, Beschichten, Beflocken, Lackieren, Bedrucken, Heißprägen oder Kaschieren ergeben sich aus den einstufigen Hinterspritzverfahren eine Vielzahl von Vorteilen. Verfahrensbedingt ist kein Zwischenlagern oder Maskieren der Formteile notwendig. Das Verfahren kann lack- und lösemittelfrei umgesetzt werden. Auch eine Vorbehandlung wie ein Beflammen der Oberflächen ist nicht notwendig. Zudem ist ein schneller und einfacher Dekorwechsel durch einen Wechsel der eingelegten Folie möglich. Durch die Folie werden Bindenähte, Einfallstellen, Lufteinschlüsse, Schlieren und Materialverunreinigungen kaschiert. Ferner wird das Dekor durch die darüberliegende Folie geschützt. Zusätzlich ermöglicht die Folie einen hohen Grad an Funktionsintegration, beispielsweise durch das Einbringen von Softtouch-Oberflächen, metallischen Effekten, Hardcoat-Beschichtungen, Einbringen einer Struktur in die Folie oder dem Drucken von kapazitiven Sensoren. [Gre99, StG97, StG98, Wan93, Wie03, Wil97, WiM99, MiW02, Bür97]

2.1.1 Eigenschaften und Aufbau der Formteile

Das Dekormaterial bildet die Formteiloberfläche und bestimmt die optischen, mechanischen und haptischen Formteileigenschaften. In Abhängigkeit der

Anwendung ergeben sich unterschiedliche Anforderungen an das Dekor wie optische Eigenschaften (Farbvielfalt, Farbkontrast, Farbdichte, Transmission), Kratzfestigkeit, Abriebfestigkeit, chemische Beständigkeit, Recycebarkeit, Scher- und Temperaturbeständigkeit, Verformbarkeit, Verbundfestigkeit und Unempfindlichkeit gegen Verschiebung [JoW04, Wie03, Kow01, Wil97, Wan93, BRE96].

Grundsätzlich können Folien aus unterschiedlichen Materialien eingesetzt werden. Neben Echtmaterialien wie Stein, Holz, Metall und Leder, können Textilien, geschäumte Folien, Einschicht- oder Mehrschichtfolien verarbeitet werden [JoW04, BRE96]. Häufig werden Mehrschichtverbünde bestehend aus einer Dekorschicht und einer oder mehreren Trägerfolien verarbeitet. So werden Echtlederzuschnitte auf ein Fließ oder eine Folie laminiert und hinterspritzt. Die Trägerfolie übernimmt dabei verschiedene Funktionen als Haftvermittler, zur thermischen Isolierung, zur Stabilisierung der Dekorschicht oder zur Realisierung einer Soft-Touch-Oberfläche [BRE96].

Zur Dekorierung von Oberflächen mit Symbolen und Grafiken werden häufig Einschichtfolien eingesetzt. In Abbildung 2.4 ist der grundsätzliche Aufbau einer solchen Folie dargestellt. Die Folien können vorderseitig oder rückseitig bedruckt werden. Das Dekor befindet sich dann zwischen Folie und Substrat oder auf der Vorderseite. Die Farben müssen eine gute Haftung zwischen Folie und Substrat gewährleisten [Kow01, JoW04] und aufgrund der hohen Umformgrade der Formteile flexibel sein.

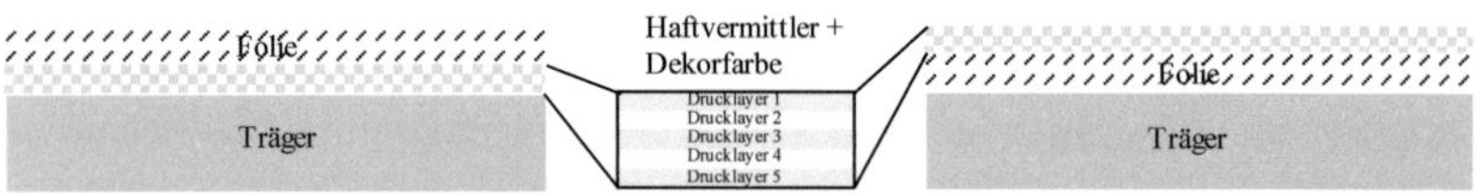

Abbildung 2.4: Grundsätzlicher Aufbau einer IML Folie mit rück- (links) und vorderseitig (rechts) bedruckten Folien

Eine vorderseitige Dekorierung der Folien (s. Abbildung 2.4 rechts) führt zu einer hohen Haftung zwischen Folie und Substrat, da kein Haftvermittler notwendig ist. Aufgrund der freiliegenden Dekorierung wird keine hohe Abriebfestigkeit gewährleistet, wodurch häufig eine zusätzliche Schutzschicht aufgebracht wird [JoW04, BRE96, Har96]. Vorderseitige Dekorationen werden vorrangig für haptische Effekte und matte Oberflächen eingesetzt.

Wird die Folie rückseitig bedruckt (s. Abbildung 2.4 links), bildet das Dekor das Bindeglied zwischen Folie und Substrat. Hierfür sind Spezialfarben notwendig, die neben einer hohen Haftung auch dem Spritzgießprozess standhalten müssen. Das Dekor wird durch die Folie geschützt und ist abriebfest. Ferner können durch die Folie gleichmäßige Oberflächen sowie eine hohe Farbtiefe realisiert werden. [BRE96, Har96, JoW04, EnB99]

Es können amorphe und teilkristalline Kunststoffe als Folien- und Trägerwerkstoff eingesetzt werden, die sich hinsichtlich der Eigenschaften unterscheiden [Bür97]. Für dekorierte Formteile im automobilen Interieur werden überwiegend Folien aus Polycarbonat (PC) oder Polymethylmethacrylat (PMMA) verwendet [JoW04]. PMMA hat dabei sehr gute optische Eigenschaften und eine hohe Kratzbeständigkeit. PC hat eine höhere Wärmeformbeständigkeit und wird aufgrund der Zähigkeit häufig im Armaturenbereich eingesetzt. Ein entscheidender Vorteil der PC-Folie ist die Verfügbarkeit einer Hardcoat-Beschichtung, die als dünner Film auf der Folie aufgebracht wird. Diese Hardcoat-Beschichtung ist verformbar und wird mithilfe eines UV-Tunnels vor dem Hinterspritzen ausgehärtet [Woy16]. Aufgrund des niedrigen Preises und der geringen Dichte sind PP-Folien eine günstige Alternative. Schätzungsweise 80 % der im Automobilbereich verarbeiteten Folien in der IML-Technik sind aus PC und ca. 20 % aus PMMA. PP-Folien werden aufgrund der niedrigen Wärmeformbeständigkeit und der optischen Eigenschaften selten eingesetzt [SKT20]. Ferner werden ca. 80 % der zum Einsatz kommenden Folien rückseitig bedruckt [SKT20].

2.1.2 Foliendekorierung im Siebdruckverfahren und Dekormaterialien

Neben dem Siebdruckverfahren kann die Foliendekoration im Tiefdruck, Offsetdruck oder Digitaldruck erfolgen. Im Folgenden wird nur auf das Siebdruckverfahren eingegangen, da dieses Verfahren überwiegend zur Dekoration von IML-Folien für automobile Anwendungen mit Symboliken eingesetzt wird. Dabei wird die Druckfarbe mit einer Rakel durch eine Schablone auf die Kunststofffolie gedrückt. Die Schablone wird durch ein in einen Rahmen gespanntes Gewebe mit offenen und geschlossenen Poren gebildet.

Abbildung 2.5 zeigt exemplarisch das Drucken, Tempern und Hinterspritzen der Folie und die Effekte zwischen Druckfarbe und Folie.

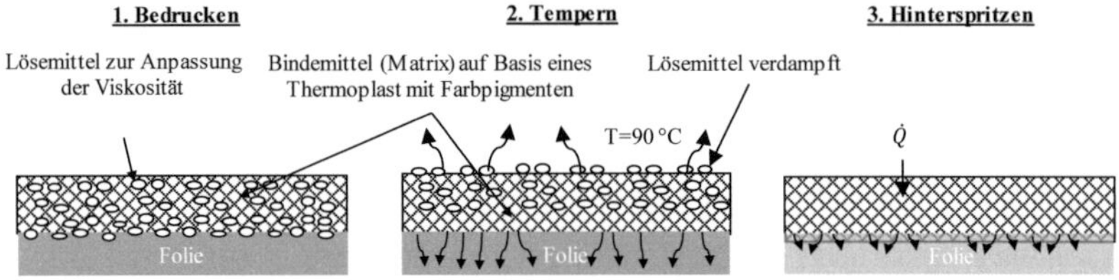

Abbildung 2.5: Effekte beim Bedrucken, Tempern und Hinterspritzen der Folie

Die Grundlage der Druckpasten bildet ein Matrixpolymer, dass in einem gelösten niederviskosen Zustand vorliegt und bei Raumtemperatur verarbeitet werden kann. Die genaue Zusammensetzung der Druckpasten ist nicht bekannt und ein Betriebsgeheimnis der Know-how-Träger. Dem Matrixpolymer werden die Farbpigmente beigemischt, wodurch die gewünschte Farbe eingestellt wird. Die Viskosität der Paste kann durch die Zugabe von Lösemitteln variiert und an den Siebdruckprozess angepasst werden. Nach dem Drucken haftet die Paste durch Adhäsionskräfte auf der Folie. Das Lösemittel der Paste führt zu einem Aufquellen der Folie und sorgt für ein Aufstellen der Polymerketten, sodass die Paste in die Folie diffundieren kann. Nach dem Druckvorgang wird die Folie getempert, wodurch die Lösemittel verdampfen und die Paste ihre Formstabilität erhält. Durch die Wärmezufuhr beim Hinterspritzen erfolgt ein weiteres Eindiffundieren der Paste in die Folie, wodurch die Verbundfestigkeit hergestellt wird. [Erf20]

2.1.3 Werkzeugtechnik und Angusssysteme

Die bedruckten und dekorierten Folien werden in Spritzgießwerkzeugen hinterspritzt. Der Aufbau der Werkzeuge leitet sich aus den Anforderungen sowie dem Aufbau der Formteile ab, da das Dekor rückseitig hinterspritzt wird und vorderseitig nicht zerkratzt oder beschädigt werden darf. Je nach Anforderungen kann die Folie auf der Düsen- oder der Auswerferseite eingelegt werden. Grundsätzlich wird die Seite, in die die Folie eingelegt wird, poliert. Auf der Gegenseite befinden sich dann die Auswerfer und der Anguss. Wird die Dekorfolie auf der Düsenseite eingelegt, muss der Anguss über die Trennebene hinter das Dekor geleitet werden. Die Auswerfer können in diesem Fall über den Zentralauswerfer der Maschine betätigt werden. Wird das Dekor auf der Schließseite eingelegt, müssen die Auswerfer über einen zusätzlichen Aktor (hydraulischen Kernzug oder ein elektromagnetisches System) betätigt werden [JoW04, KaB94]. Bewegliche Werkzeugteile, Entlüftungsbohrungen oder Spalte sollten ebenfalls auf der Dekorseite vermieden werden, um das Dekor nicht zu beschädigen und Abzeichnungen auf der Formteiloberfläche zu vermeiden [Kau96, BRE96].

Besondere Anforderungen werden auch an die Temperierung der Werkzeuge gestellt, da das eingelegte Dekor als Isolierschicht wirkt, wodurch die Wärmeleitung und somit die Abkühlung verzögert wird. Um das Dekor im Werkzeug zu positionieren, sind zusätzlich Fixierungen, wie beispielsweise Vakuum, elektrostatische Aufladungen und Spannelemente, erforderlich [MMM07, Tij97]. Da diese Spannelemente häufig zu Abzeichnungen auf den Folien führen, wird die Folie oftmals im Werkzeug geklemmt.

Das Angusssystem sollte so ausgelegt werden, dass die Scherbelastungen im Anspritzbereich minimiert wird, um Auswaschungen und Beschädigungen des Dekors zu vermeiden [Wie03]. Grundsätzlich kann das Formteil über einen Heiß- oder Kaltkanal angespritzt werden. Der Kaltkanal wird konisch ausgelegt, damit die verbleibende Schmelze nach dem Einspritzvorgang erstarrt und mit dem Formteil ausgeworfen wird. Der Heißkanal ist beheizt, sodass die Schmelze im Kanal verbleibt und für den darauffolgenden Einspritzvorgang verwendet werden kann [PrN12]. Der Anschnitt bezeichnet den Übergang von Schmelzekanal zur Kavität und kann hinsichtlich Geometrie und Lage unterschieden werden. Mögliche Angussarten sind in Abbildung 2.6 dargestellt. Die einfachste Art bildet der Stangenanguss (a), ein konisch verlaufender Schmelzekanal. Beim Schirmanguss (b), Filmanguss (c) und Ringanguss (d) wird das Formteil über einen filmförmigen Bereich angespritzt. Im Vergleich zum Stangenanguss erfolgt hier keine punktuelle Beanspruchung der Folie bzw. des Dekors. Eine weitere Möglichkeit bildet der Tunnelanguss (e), bei dem der Anguss beim Auswerfen direkt abgetrennt wird. [MMM01, PrN12]

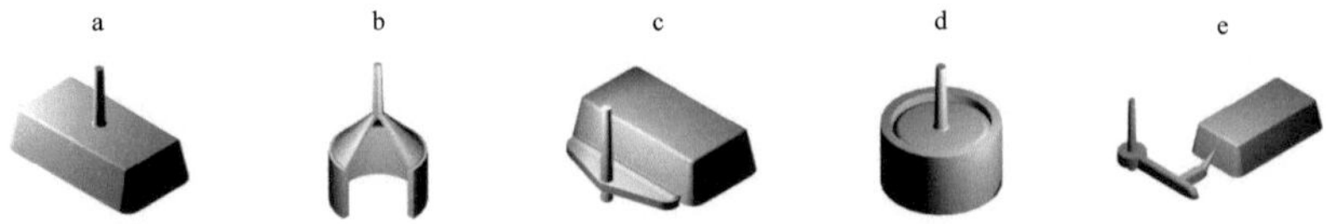

Abbildung 2.6: Mögliche Angussarten: Stangenanguss (a.), Schirmanguss (b.) Filmanguss (c.), Ringanguss (d.) und Tunnelanguss (e.) [Kss15]

Zur Vermeidung von Faltenbildung beim Einspritzen, zum Füllen großer Formteile oder zur Reduzierung der Beanspruchung beim Füllen, können auch Mehrfachangüsse eingesetzt werden. Ein Kaskadenanguss ist eine Sonderform des Mehrfachangusses, bei dem die Anspritzpunkte in einer festgelegten Reihenfolge geöffnet und geschlossen werden. [MMM01, PrN12]

Im Bereich des Anspritzpunktes ergeben sich die in Abbildung 1.1 gekennzeichneten Bereiche nicht fließender Schmelze. Verschiedene Studien haben ergeben, dass diese Bereiche auf Temperatur- und Schergeschwindigkeitsunterschiede zurückzuführen und weitestgehend unabhängig von der Geometrie sind [ClM04, BYJ99].

2.2 Fehlerbilder beim Folienhinterspritzen

Im folgenden Abschnitt werden die bisherigen Erkenntnisse zu den typischen Fehlerbildern beim Folienhinterspritzen zusammengefasst. Hierzu zählen der Formteilverzug, die Dekor- und Folienschädigung im Angussbereich sowie die Verbundfestigkeit zwischen Folie und Trägermaterial.

2.2.1 Formteilverzug

Verzug bezeichnet eine Abweichung von der Sollgestalt in Form von Wölbung, Winkeländerung oder einem Verwinden [StG97, Sti73] und ist eine direkte Folge von Eigenspannungen und unterschiedlichen Schwindungen im Formteil [BuP61, WoS67, Jür69]. Eigenspannungen bilden dabei ein Kräftegleichgewicht über dem Formteilquerschnitt, bei dem die Zugspannungen durch die Druckspannungen kompensiert werden und das Formteil keine

Kraftwirkung nach außen zeigt. Wie Wielpütz feststellte, wird der Formteilverzug folienhinterspritzter Formteile durch das Dickenverhältnis von Träger und Dekor, dem asymmetrischen Temperaturprofil, den verschiedenen Kontraktionspotentialen von Folie und Träger sowie den unterschiedlichen Wärmeausdehnungskoeffizienten bestimmt. Zur anschaulichen Beschreibung des Verzugs hat [Wie03] das Erstarrungsmodell von [Sti73] um die Dekorfolie erweitert. Abbildung 2.7 zeigt das erweiterte Erstarrungsmodell mit den thermisch bedingten Eigenspannungen der Folie und des Trägers unter Formzwang und unter Aufhebung des Formzwangs.

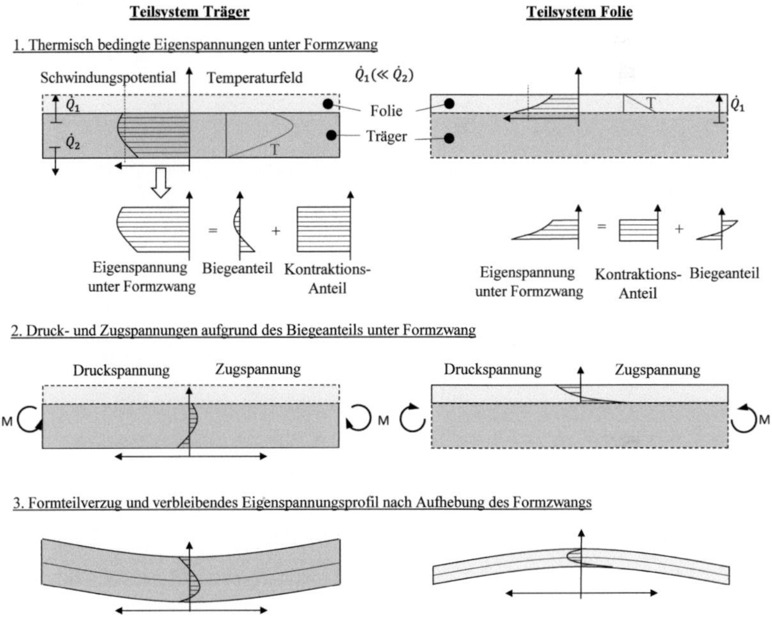

Abbildung 2.7: Erweitertes Erstarrungsmodell mit den thermisch bedingten Eigenspannungen der Folie und des Trägers unter Formzwang und unter Aufhebung des Formzwangs [Wie03]

Aufgrund des Temperaturprofils zum Siegelzeitpunkt, an dem kein Material mehr nachfließen kann, ergeben sich unterschiedliche Schwindungspotentiale der einzelnen Schichten. Da diese nicht voneinander abgleiten können, entstehen Eigenspannungen in Träger und Folie. Die Eigenspannungen unter Formzwang können in einen Kontraktionsanteil und einen Biegeanteil aufgeteilt werden. Der Biegeanteil führt dann zu Druck- und Zugspannungen unter Formzwang. Nach Aufhebung des Formzwangs kommt es aufgrund des Kontraktionsanteils zu einer Verkürzung und aufgrund des Biegeanteils zu einem Verzug in Richtung des Temperaturmaximums. Bei Betrachtung des Verbundes ergeben sich durch die mechanische Kopplung eine Gesamtkontraktion und eine Gesamtbiegung, die sich jeweils aus den Anteilen von Träger und Folie zusammensetzen (s. Abbildung 2.8).

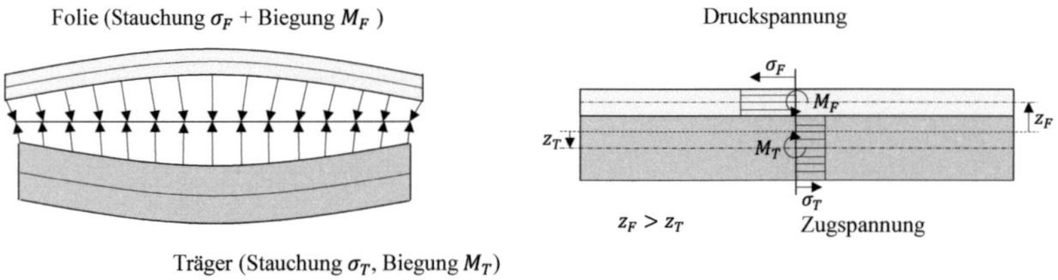

Abbildung 2.8: Gesamtverformung eines Verbundes nach der Entformung [Wie03]

Aufgrund der höheren Temperaturen im Träger hat dieser ein höheres Kontraktionspotential. Dies führt im Verbund zu einer Stauchung des Dekors und einer Dehnung des Trägers. Die Längenänderungen von Dekor und Träger führen zu Druck- und Zugspannungen. Der Verzug ergibt sich dann aus den Druck- und Zugspannungen sowie den verbleibenden Verzugsmomenten aus der getrennten Betrachtung. Zusätzlich sind in Abbildung 2.8 der Abstand der Folie zur neutralen Faser z_F sowie der Abstand des Trägers zur neutralen Faser z_T dargestellt. Der Gesamtverzug resultiert aus den Kräften multipliziert mit dem Abstand zur neutralen Faser und der Fläche. Infolge des größeren Abstandes der Folie zur neutralen Faser ($z_F \gg z_T$), führen bereits geringe Biegespannungen zu einem hohen Moment.

Versuche anhand eines 2 mm dicken Formteils mit Foliendicken zwischen 125 µm und 750 µm haben gezeigt, dass der Verzug mit steigender Foliendicke signifikant zunimmt. Ferner wird bei 125 µm dicken Folien ein entgegengesetzter Verzug in Richtung Dekor beobachtet [Wie03]. Diese Ergebnisse decken sich mit den Erkenntnissen von [LaF11]. Steigende Foliendicken führen zu einer Verschiebung des Temperaturmaximums in Richtung Grenzschicht zwischen Träger und Dekor sowie zu der in Abbildung 2.9 dargestellten Verschiebung der neutralen Faser, die aufgrund des höheren Hebels zu einem größeren Verzugsmoment der Folie führt [Wie03]. Abbildung 2.9 zeigt zusätzlich das Schwindungspotential der einzelnen Schichten anhand der Länge der Schicht. Dabei ist ein hohes Potential durch eine kurze Schicht dargestellt, da hier eine hohe Schwindung eintritt. Daran wird deutlich, dass zunehmende Foliendicken einen Verzug in Richtung Träger begünstigen.

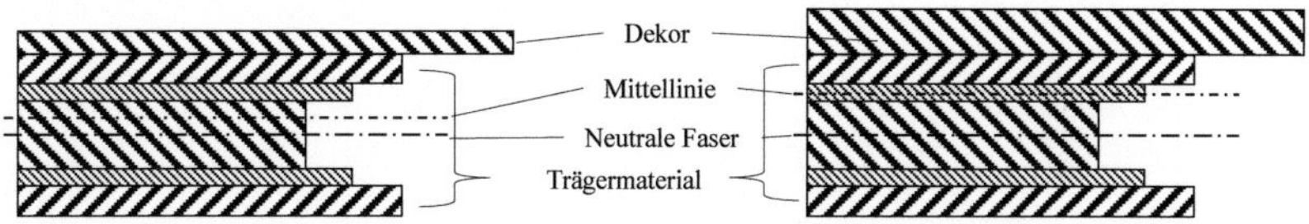

Abbildung 2.9: Schichtmodell bei symmetrischer Abkühlung des Trägers mit dünnem und dicken Dekormaterial im Vergleich [Wie03]

Ferner untersuchte [Wie03] den Einfluss der strömungsbedingten Effekte und Expansionseffekte durch Variation der Kompressions- und Nachdruckphase. Dabei wird eine Abnahme des Verzugs mit zunehmendem Druck beobachtet. Eine nachträgliche Wärmelagerung der Bauteile führt zu einer Steigerung des Verzugs, wobei der Einfluss auf die Formteile ohne Nachdruck größer ist. Dieser Effekt wird von [Wie03] auf die geringe Wärmeformbeständigkeit des Trägermaterials zurückgeführt. [BKL08] stellte eine Umkehr der Verzugsrichtung durch Tempern der Folie fest, was jedoch ebenfalls materialabhängig und nicht allgemein gültig ist.

Neben den von [Wie03] gezeigten Mechanismen der Verzugsbildung werden im Folgenden die bisherigen Erkenntnisse zum Einfluss der Schmelzetemperatur, Werkzeugwandtemperatur, Einspritzgeschwindigkeit und Nachdruck zusammengefasst:

- <u>*Schmelzetemperatur:*</u> [LCH13] und [BKL08] beobachten einen glockenförmigen Zusammenhang zwischen Verzug und Massetemperatur aufgrund eines steigenden Kontraktionspotentials der Schmelze und einer besseren Druckübertragung mit steigenden Temperaturen.

- *Werkzeugwandtemperatur:* [Wie03] und [LaF11] zeigen, dass steigende Werkzeugwandtemperaturen zu weniger Verzug führen, da aufgrund des Temperaturprofils die Kontraktionsdifferenz zwischen Träger und Folie abnehmen. Unter Verwendung von teilkristallinen Materialien stellte [LCH13] fest, dass hohe Werkzeugwandtemperaturen aufgrund der langsameren Abkühlung zu einer hohen Kristallinität, einer hohen Schwindung und einem steigenden Verzug führen. Auch [StG98] stellen einen steigenden Verzug mit steigender Werkzeugwandtemperatur fest, obwohl der Verzug bei einer mittleren Werkzeugwandtemperatur das Vorzeichen wechselt.
- *Nachdruck:* [Wie03] konnte eine Reduzierung des Verzugs mit steigendem Nachdruck feststellen, während [Pöt91, BKL08, AaA99] keine klare Tendenz ableiten konnten. Da die Nachdruckwirkung von der Formteilgeometrie, dem Material und den Prozessparametern abhängt, ist diese vom Versuchsaufbau abhängig.
- *Einspritzgeschwindigkeit:* [BKL08, StG98] stellen eine Reduzierung des Verzugs mit der Einspritzgeschwindigkeit aufgrund der höheren Packungsdichte des Trägers und der reduzierten Schwindung fest. Auch [LCH13] stellt eine deutliche Reduzierung des Verzugs mit zunehmendem Einspritzdruck fest, was auf eine steigende Kühlung durch mehr Anpressdruck der Folie an die Werkzeugwand zurückgeführt wird. Aufgrund des teilkristallinen Materials kann dieser Effekt auch auf eine geringere Kristallinität und weniger Schwindung zurückgeführt werden. Unberücksichtigt bleibt der Einfluss der Einspritzgeschwindigkeit auf die Folientemperatur. Da niedrige Einspritzgeschwindigkeiten zu einer längeren Temperaturwirkung und höheren Folientemperaturen führen, könnten hier gegenläufige Effekte auftreten.

Zusammenfassend zeigt sich, dass der Formteilverzug wesentlich von den Dickenverhältnissen von Träger und Dekor, dem Temperaturprofil und den sich daraus ergebenden Kontraktionspotentialen abhängt. Ferner kann der Verzug durch Prozessparameter wie Schmelze- und Werkzeugwandtemperatur,

Nachdruck und Einspritzdruck verändert werden. Dabei scheint die Werkzeugwandtemperatur eine wesentliche Stellgröße zu sein, da diese direkt das Temperaturprofil beeinflusst.

2.2.2 Dekor- und Folienschädigung (Auswaschung, Wash-Out)

Auswaschungserscheinungen, auch Wash-Out genannt, bezeichnen eine Beschädigung bzw. eine Verschiebung des aufgedruckten Dekors auf der Folie. Diese treten in Bereichen erhöhter thermischer und mechanischer Belastungen, typischerweise im Angussbereich [Wie03, LHC12, YCH06], auf und können mit einer Beschädigung bzw. Deformation der Trägerfolie [Wie03] einhergehen. In Abbildung 2.10 sind zwei Formteile aus der Serienfertigung mit Auswaschungen am Anspritzpunkt dargestellt.

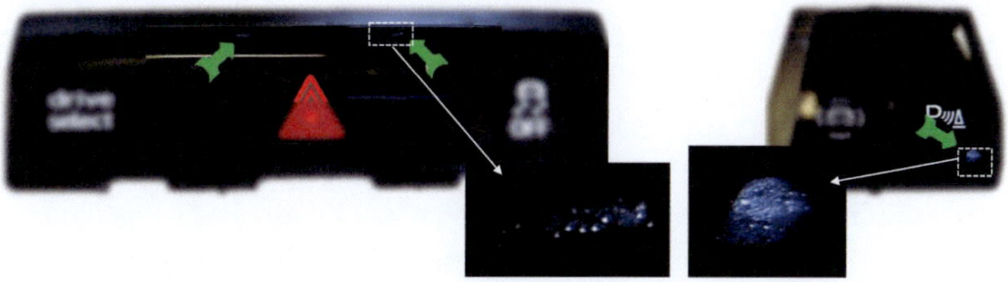

Abbildung 2.10: Auswaschung am Anspritzpunkt in der Serienfertigung

Im gegenwärtigen Stand der Technik sind nur wenige Arbeiten zur Auswaschung beim Folienhinterspritzen enthalten, die sich hinsichtlich der Formteilgeometrien, Folien- und Dekormaterialien sowie Prozessfenster unterscheiden. Zudem wird die Art der Dekorierung in den Arbeiten oftmals nicht näher spezifiziert, was einen Vergleich der Ergebnisse erschwert. Im Folgenden wird die Geometrie der Probekörper, insbesondere der Formteil- und Foliendicke, bewusst aufgeführt, da diese die Wandschubspannung wesentlich bestimmt.

[Wie03] untersucht den Einfluss der Einspritzgeschwindigkeit sowie der Massetemperatur auf lokale Foliendeformationen und Farbabweichungen gegenüber dem Anguss. Die Versuche werden auf Basis zentral angespritzter rechteckiger Formteile mit einer Wanddicke von 2,5 mm und einer 1000 µm dicken coextrudierten Folie mit einer 80 µm PMMA-Deckschicht und einer mit Ruß eingefärbten Trägerschicht aus ASA (Acrylnitril-Styrol-Acrylester) durchgeführt. Die Folien werden mit einer 2 mm dicken ABS-Schicht (Acrylnitril-Butadien-Styrol) hinterspritzt. Dabei wird eine Foliendeformation in Form einer Ausschwemmung der Folie direkt gegenüber dem Anspritzpunkt und eine Aufwölbung um den Bereich der Ausschwemmung beobachtet. [Wie03] stellt fest, dass die Foliendeformationen mit steigender Schmelzetemperatur und steigendem Einspritzvolumenstrom abnehmen und führt aus, dass die Deformation in Form einer Aufwölbung durch hohe Temperaturen und hohe Schubspannungen bei hohen Einspritzgeschwindigkeiten abgetragen werden. Niedrige Schmelzetemperaturen führen dabei infolge einer höheren Viskosität zu verstärkten Aufwölbungen. Weiterhin stellt [Wie03] fest, dass die Eindringtiefe und damit die Farbabweichung mit steigenden Temperaturen und niedrigen Einspritzgeschwindigkeiten zunehmen. Als Ursache wird eine hohe Temperaturbelastung durch lange Einwirkzeiten der Schmelze bei niedrigen Geschwindigkeiten angegeben. Unklar ist jedoch, welchen Einfluss die Foliendicke auf das lokale Aufschmelzen der Folie hat. Als Ursache könnte auch die geringe Wärmeleitfähigkeit der Folie mit einer Dicke von 1 mm angeführt werden, die diesen Effekt verstärkt. Zudem sind keine direkten Rückschlüsse auf die Dekorschädigung möglich, da die Ergebnisse aus der Untersuchung eingefärbter Folien resultieren.

In weiteren Arbeiten wird die Auswaschung von siebbedruckten Folien aus PET (Polyethylenterephthalat) [LCH13] und PC [YCH06] untersucht. Dabei werden keine Angaben zum verwendeten Druckaufbau gemacht. [LHC13] untersucht die Auswaschung an rechteckigen Probekörpern mit einem Filmanguss bei unterschiedlichen Wanddicken von 0,5 mm, 1 mm und 2 mm. Dabei werden 250 μm bedruckte PET Folien mit einem zu 20 % Glasfaser gefüllten PET hinterspritzt. Als Haupteinflussfaktoren werden die Wanddicke, die Schmelze- und die Werkzeugwandtemperatur aufgeführt, wobei der Einfluss der Wanddicke um ein Vielfaches höher ist. Hingegen hat sich der Einfluss des Einspritzdruckes und des Volumenstroms als gering herausgestellt. Ferner zeigt sich, dass niedrige Schmelze- und Werkzeugwandtemperaturen sowie niedrige Einspritzdrücke und Volumenströme zu geringen Auswaschungen führen. Eine Simulation der auftretenden Wandschubspannungen hat ergeben, dass eine erhöhte Auswaschung ab einer Schubspannung von

0,25 MPa auftritt. Es wird vermutet, dass sich beim Einspritzvorgang eine erstarrte und hoch orientierte Randschicht auf der Folienoberfläche ausbildet. Infolge der Scherbeanspruchung der Schmelze und der Erwärmung der Kunststofffolie kann es zu einer Foliendehnung kommen, die zu einer Ablösung der Farbpigmente von der Trägerfolie führt. Die Kombination der hohen Schmelzetemperatur und der Scherbeanspruchung, in Abhängigkeit der Formteildicke, führt nach [LHC12] zu einer verstärkten Auswaschung. [StG98] stellt fest, dass die Foliendehnung mit steigender Folientemperatur, aufgrund einer zunehmenden Elastizität der Folie, zunimmt und mit steigenden Einspritzgeschwindigkeiten, infolge einer kürzeren Einwirkdauer der Schmelze auf die Folie und damit niedrigeren Temperaturen, abnimmt. Demnach führen hohe Einspritzgeschwindigkeiten zu einer höheren Schubspannung, gleichzeitig zu niedrigeren Foliendehnungen infolge einer geringeren Temperaturbelastung. Dieser Zusammenhang könnte die widersprüchlichen Ergebnisse hinsichtlich der Einspritzgeschwindigkeit von [Wie03] und [LHC12] erklären.

[YCH06] untersucht die Verschiebung aufgedruckter Linien beim Folienhinterspritzen im Angussbereich. Die Versuche werden an einem Formteil in Form einer Box mit einer Wanddicke von 1,2 mm und einer zentralen Anspritzung über einen Stangenanguss durchgeführt. Es werden 100 µm und 125 µm dicke bedruckte PC-Folien mit einem reinen ABS und einem geschäumten ABS hinterspritzt. Unmittelbar unterhalb des Angussbereiches werden geringe Auswaschungen festgestellt, die bis zu einem radialen Abstand von 3,6 mm zunehmen. Weiterhin wird gezeigt, dass die Auswaschung mit steigender Schmelzetemperatur, Werkzeugwandtemperatur und Einspritzgeschwindigkeit zunehmen. Dabei wird vermutet, dass die Verschiebung der Dekore auf eine Erweichung der Folie, infolge der Temperaturerhöhung, zurückzuführen ist. Bei Verwendung der geschäumten Materialien nimmt die Auswaschung aufgrund der niedrigeren Viskosität ab. Ferner wird für die dickere Folie ein höherer Einspritzdruck festgestellt, der laut [YCH06] in einer steigenden Wandschubspannungen und höheren Auswaschungen resultiert. Auch hier kann die Frage aufgeworfen werden, ob die höhere Auswaschung aufgrund der dickeren Folien auf die höhere Wandschubspannung oder aber auf höhere Folientemperaturen infolge der reduzierten Wärmeleitung zurückzuführen ist.

Zusammenfassend zeigen die bisherigen Erkenntnisse, dass Auswaschungen im Angussbereich auftreten [LHC12, YCH06, Wie03] und mit der Scherbeanspruchung aufgrund niedriger Formteildicken [LHC12] zunehmen. Ferner wurde festgestellt, dass steigende Foliendicken zu höheren Auswaschungen [YCH06] führen. Dieser Zusammenhang wird auf eine höheren Scherbeanspruchung infolge geringerer Wanddicken zurückgeführt, könnte jedoch auch auf eine höhere Grenzschichttemperatur zurückgeführt werden. Generell blieb der Zusammenhang zwischen Folienerwärmung und Scherwirkung bislang unberücksichtigt, was die Frage aufwirft, ob die resultierenden Auswaschungen auf Schubspannungseffekte oder thermische Effekte zurückzuführen sind. Die unterschiedlichen Aussagen zur Wirkung der Temperaturen und Einspritzgeschwindigkeiten deuten jedoch auf einen solchen Zusammenhang hin. Auch die Entstehungsmechanismen bzw. der Entstehungsverlauf der Auswaschungen ist unbekannt.

2.2.3 Verbundfestigkeit zwischen Dekor- und Substratmaterialien

Haftungsmechanismen und Adhäsionstheorie

Die Haftung beschreibt die Kräfte zwischen verschiedenen Phasen bezogen auf die wahre Oberfläche in der Grenzschicht [Bri96]. Haftung resultiert aus intermolekularen Kräften, wie Dipol- oder Van-der-Waals-Kräfte und wird durch die Haftfestigkeit, dem Quotienten aus der inneren Kraft und der wahren Oberfläche, beschrieben [Dut00]. Im Gegensatz zur Haftung wird die Verbundfestigkeit σ_v aus dem Quotienten der messbaren äußeren Kräfte pro Flächeneinheit F und der geometrischen Fläche A bestimmt [Dut00, BBL83]:

$$\sigma_v = \frac{F}{A} \qquad \text{(Gl. 2.1)}$$

Abbildung 2.11 zeigt mögliche Versagensarten der Verbundfestigkeit. Beim Versagen der Haftung unterscheidet man zwischen einem Adhäsions- und einem Kohäsionsbruch. Der Kohäsionsbruch tritt außerhalb der Grenzschicht zwischen den Phasen - Folie, Träger oder Dekor - also im Grundmaterial auf.

Tritt das Versagen in der Grenzschicht Folie / Dekor oder Träger / Dekor auf, spricht man von einem Adhäsionsbruch [Kuh99].

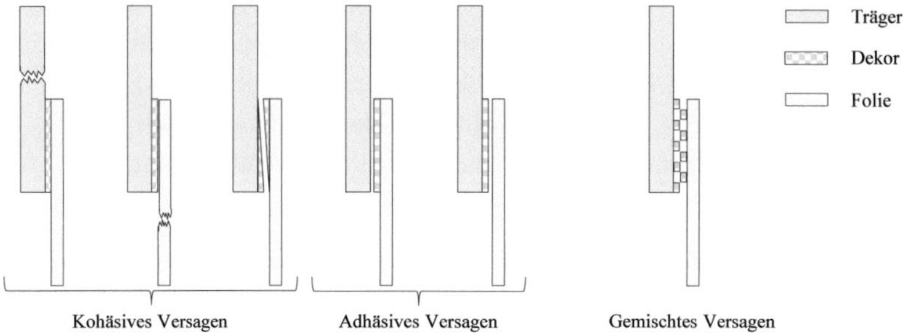

Abbildung 2.11: Mögliche Versagensarten der Verbundfestigkeit [DIN95]

Die grundlegenden Mechanismen der Haftung sind die Kohäsion und Adhäsion [Bri96, Här88a]. Dabei wird die Anziehung zwischen den Molekülen und Atomen innerhalb eines Stoffes als Kohäsion bezeichnet [Sch09]. Adhäsion beschreibt die Verbindung aufgrund von Wechselwirkungskräften zwischen zwei Phasen bzw. Stoffen. Da der Zusammenhang zwischen den einzelnen Kräften, deren Wechselwirkung sowie die vorliegenden Mechanismen nicht vollständig erforscht sind, gibt es unterschiedliche Adhäsionstheorien [Ehr04, Kuh99, Hab05, BiP83, Kue05], die sich in mechanische Adhäsion und dem Sammelbegriff spezifische Adhäsion nach [Sch09] untergliedern. Mechanische Adhäsion beschreibt die Verbindung aufgrund einer Verankerung durch Hinterschneidungen wie Mikrorisse und Poren [Hae12, Kue05]. Dabei ist der Einfluss der mechanischen Adhäsion nach [BiP83] gering. Spezifische Adhäsion wird anhand der Kräfte unterschieden, die durch chemische, physikalische und thermodynamische Ursachen hervorgerufen werden und infolge molekularer Wechselwirkungen in der Grenzschicht in einem Bereich von 0,2 nm bis 1 nm wirken [Hab05, Gie95, Hae12].

Für die Verbundfestigkeit von Kunststoffen wird der Diffusionstheorie nach Vojuzkij [Voy63] der größte Einfluss beigemessen [Jar94, Bis82, PGa80]. Nach [Voy63] wird die Adhäsion über die Mikro-Brownsche Molekularbewegung beschrieben. Dies kann nur unter der Voraussetzung stattfinden, dass die Moleküle eine ausreichend hohe Energie zum Eindiffundieren besitzen und Verschlaufungen ausbilden [Bis82, Wal68, Sei63]. Die Diffusionsgeschwindigkeit wird dabei durch niedrige Molekulargewichte und hohe Beweglichkeit der Moleküle begünstigt. Somit erhöht sich die Diffusionsgeschwindigkeit durch hohe Temperaturen, niedrige Vernetzungen bzw. eine niedrige Kristallinität und einer hohen Grenzschichtdicke [Bis82, Men88, Jab94, Jon99, Neo96, Pac05, Van06]. Grundvoraussetzung für die Diffusion ist die Löslichkeit der Kontaktpartner [Pot04]. Mathematisch kann die Diffusion mit dem Gesetz von Einstein mit der mittleren Eindringtiefe $\sqrt{\overline{\Delta x^2}}$, der Diffusionskonstante D_s und der Zeit t beschrieben werden [Pot04]:

$$\sqrt{\overline{\Delta x^2}} = 2D_s t = l_G\, N_G \qquad \text{(Gl. 2.2)}$$

Die mittlere Eindringtiefe ergibt sich aus der Länge l_G des Makromoleküls und der Anzahl der eindiffundierten Moleküle N_G. Die Diffusionskonstante D_s kann näherungsweise aus der Viskosität bestimmt werden:

$$D_s \sim \frac{1}{\eta} \qquad \text{(Gl. 2.3)}$$

Eine hohe Diffusion wird somit durch eine niedrige Viskosität, einer langen Diffusionsdauer und einer hohen Anzahl langkettiger Moleküle erreicht.

Erkenntnisse zur Verbundfestigkeit beim Folien- und Mehrkomponentenspritzgießen

Der Stand der Technik untergliedert sich in Erkenntnisse aus den Bereichen Folien- und Mehrkomponentenspritzgießen. Analog zum Folienhinterspritzen wird beim Mehrkomponentenspritzgießen eine bereits erstarrte Kunststoffkomponente mit dem Ziel überspritzt, eine möglichst hohe Verbundfestigkeit zu erreichen. Die Zusammenhänge von teilkristallinen Materialien werden dabei nicht näher vertieft, da in der vorliegenden Arbeit überwiegend amorphe Materialien betrachtet werden und sich aufgrund der Kristallbildung bei teilkristallinen Materialien Unterschiede ergeben.

In mehreren Arbeiten zur Verbundfestigkeit beim Mehrkomponentenspritzgießen wird eine Zunahme der Verbundfestigkeit mit steigenden Temperaturen festgestellt, da hohe Temperaturen den Diffusionsprozess und somit die

Brownsche Molekularbewegung begünstigen [Kue05, Hae12]. [Kue05] hebt hervor, dass die Temperaturen bei amorphen Materialien oberhalb der Glasübergangstemperatur und bei teilkristallinen oberhalb der Kristallschmelzetemperatur liegen müssen. Ferner führt laut [Hae12] eine Steigerung des Einspritzdruckes und der Einspritzgeschwindigkeit der zweiten Komponente bei amorphen Materialien zu einer Behinderung der Brownsche Molekularbewegung und folglich zu einer Reduzierung der Verbundfestigkeit. [Ehr04] hingegen konnte beim Mehrkomponentenspritzgießen keine Abhängigkeit vom Druck feststellen.

Wielpütz [Wie03] vermutet, dass die Verbundfestigkeit beim Folienhinterspritzen mit der Einwirkzeit der Schmelze und dem Druck ansteigt. Ferner nimmt [Wie03] an, dass an Stellen mit hohen Wanddicken hohe Verbundfestigkeiten vorliegen, da die Diffusionsvorgänge durch ein langsames Abkühlen der Schmelze begünstigt werden. Aufgrund zu hoher Verbundfestigkeiten der gewählten Materialien konnten diese Zusammenhänge von [Wie03] jedoch nicht validiert werden. Dabei wurden jedoch nur Folien ohne Dekor hinterspritzt.

Leong und Hamada haben den Einfluss der Foliendicke, Einspritzgeschwindigkeit und Schmelzetemperatur auf die Verbundfestigkeit folienhinterspritzter Formteile aus amorphen Materialien ohne Dekor untersucht [LeH08]. Grundsätzlich konnte ein Anstieg der Verbundfestigkeit mit der Foliendicke und der Einspritzgeschwindigkeit festgestellt werden, wobei sich die Foliendicke als Haupteinflussfaktor herausgestellt hat. Bis zu Einspritzgeschwindigkeiten von 100 mm/s steigt die Verbundfestigkeit an, höhere Einspritzgeschwindigkeiten führen zu keiner weiteren Verbesserung. Diesen Zusammenhang führen die Autoren auf die Grenzflächenreibung zwischen Folie und Schmelze beim Einspritzen zurück, welche in den Arbeiten von [BrG92, BGH94, GoF98, Sun95, YaG98] näher beschrieben wird. Nach [BrG92] ergibt sich die Scherrate auf der Folie aus der Geschwindigkeit zwischen Schmelze und Folie und einem Reibwert. Idealerweise sollte eine ebene Folienoberfläche ohne aufgeschmolzene Bestandteile unterhalb der Glasübergangstemperatur beim Einspritzen vorliegen, sodass die Schmelze ohne Interaktionen über die Folie gleiten kann [LeH08]. Geringe Einspritzgeschwindigkeiten können zu einem lokalen Aufschmelzen der Folie und einer Ausbildung erster Verschlaufungen führen, die infolge des Schmelzeflusses wieder gelöst werden. Ferner kann die hohe Viskosität der Schmelze bei geringen Einspritzgeschwindigkeiten zu einer Beschädigung der Molekülketten führen [LeH08]. Diese Schlussfolgerung widerspricht zum Teil der Feststellung von [LaF11], der eine dünne Randschichtbildung auf Folien während des Füllens beobachten konnte. Zudem sind keine vergleichbaren Effekte bei den Auswaschungserscheinungen bekannt. Auch [LIK06] hat eine steigende Verbundfestigkeit mit der Foliendicke festgestellt und dies auf einen höheren Druck zwischen Folie und Substrat bei dickeren Folien beim Spritzgießen zurückgeführt.

Bezüglich des Temperatureinflusses hat [LeH08] festgestellt, dass die Verbundfestigkeit 0,5 mm dicker Folien im Vergleich zu 0,1 mm dicker Folien aufgrund der geringeren Wärmeleitung höher ist und das steigende Temperaturen bei Foliendicken von 0,5 mm zu niedrigeren Verbundfestigkeiten führen, während bei Foliendicken von 0,1 mm die Verbundfestigkeit bis zu einer Schmelzetemperatur von 280 °C ansteigt und erst bei Temperaturen über 280 °C abfällt. Diesen Zusammenhang führt [LeH08] auf die von [SaH99, THM93, TTH90] beobachteten Zusammenhänge zur Festigkeit von Bindenähten beim Spritzgießen zurück. [SaH99] stellte fest, dass die Anzahl der Verschlaufungen in der Grenzschicht von Bindenähten mit der Dauer bis zur Erstarrung aufgrund der Relaxation in der Schmelze abnimmt. Ferner haben [THM93, TTH90] gezeigt, dass beim Kunststoffschweißen die Oberflächenqualität und das Auftreten von Kerben mit kurzen Relaxationszeiten vor der Erstarrung verbessert wird. Dieser Effekt ist auch als Strangaufweitung in der Extrusionstechnik bekannt, bei dem das Schwellverhalten eines Schmelzestranges durch die viskoelastischen Materialeigenschaften und die Düsengeometrie beeinflusst wird. Definiert wird die Relaxationszeit als Kühlzeit der Moleküle bis zur Erstarrung. Aufgrund der geringen Wärmeleitung der 0,5 mm dicken Folie und der verzögerten Erstarrung reicht die Grenzschichttemperatur bei einer Schmelzetemperatur von 260 °C aus, damit alle Moleküle der Schmelze vollständig in die Folie diffundieren. Eine weitere Temperaturerhöhung führt zu einer Verlängerung der Relaxation und somit zu einem

Abbau der Verschlaufungen. Auf der anderen Seite kann bei einer Schmelzetemperatur von 260 °C und einer Foliendicke von 0,1 mm aufgrund der höheren Wärmeleitung keine vollständige Diffusion erfolgen, da die Kunststoffschmelze einfriert, bevor die Diffusion abgeschlossen ist. Der ideale Betriebspunkt ergibt sich bei langen Diffusionsdauern durch langsame Kühlraten und Temperaturen knapp oberhalb der Glasübergangstemperatur, sodass keine Relaxation der Schmelze stattfinden kann.

2.3 Effekte beim Spritzgießen und Folienhinterspritzen

In Abschnitt 2.2 sind die Ursachen und Haupteinflussfaktoren für Verzug, Auswaschung und Verbundfestigkeit erläutert worden. Verzug ist eine Folge von Eigenspannungs- und Schwindungseffekten. Die Auswaschung ist eine Folge von Temperaturwirkung und Wandschubspannungseffekten. Da die Effekte der Eigenspannung, Schwindung und Wandschubspannung direkt mit den Fehlerbildern korrelieren, sollen diese im folgenden Abschnitt, ausgehend von der Formteilfüllung, näher betrachtet werden.

Während der Formteilfüllung strömt die Kunststoffschmelze in die Formteilkavität. Dabei wirkt eine Wandschubspannung auf die Fließkanalwand. Beim Kontakt mit der Fließkanalwand erstarrt die Kunststoffschmelze und es bildet sich eine erstarrte Randschicht, die mit weiterer Formteilfüllung wächst. Aufgrund der hohen Scherung und Wandschubspannung ist dieser Bereich durch eine hohe Molekülorientierung charakterisiert, die zu einer asymmetrischen Volumenschwindung führen kann. Ferner werden die Orientierungen berücksichtigt, da diese auf Bereiche hoher Scherung hindeuten.

2.3.1 Formteilfüllung und Wandschubspannungseffekte im Schmelzekanal

Die Wandschubspannung im Schmelzekanal beschreibt die durch die fließende Kunststoffschmelze tangential wirkende Kraft auf die Wand im Fließkanal. Die Wandschubspannung kann als Maß für die mechanische Belastung der Dekorfolie während des Einspritzvorganges herangezogen werden. Zunächst erfolgt eine Beschreibung der Modelle zur Berechnung der Viskosität, die als Grundlage zur Ermittlung der Wandschubspannung dienen.

Viskosität von Kunststoffen

Thermoplastische Kunststoffschmelzen verhalten sich strukturviskos, die Viskosität η der Schmelze nimmt mit steigender Schergeschwindigkeit $\dot{\gamma}$ ab. In Abbildung 2.12 ist die Viskosität der Schmelze in Abhängigkeit der Schergeschwindigkeit doppelt logarithmisch aufgetragen. Bei geringen Schergeschwindigkeiten zeigen Kunststoffschmelzen oftmals ein newtonsches Verhalten, d.h. die Viskosität ist in diesem Bereich konstant. Im verarbeitungsrelevanten Bereich verhalten sich Kunststoffschmelzen strukturviskos.

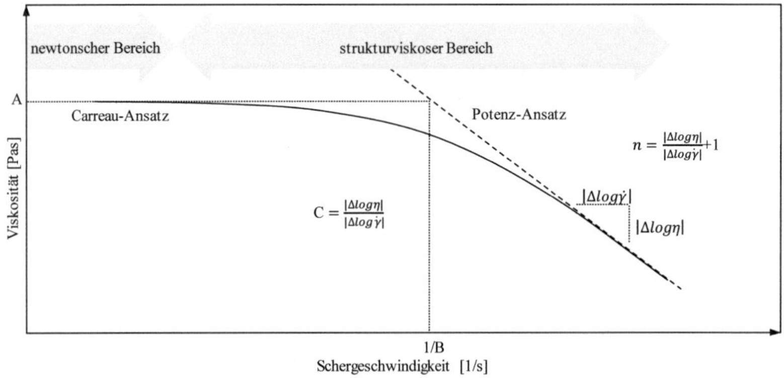

Abbildung 2.12: Potenz- und Carreau-Ansatz [MHM11]

Der newtonsche Bereich wird mit dem newtonschen Gesetz beschrieben. In diesem Fall ist die Viskosität η als Quotient von Schubspannung τ und Schergeschwindigkeit $\dot{\gamma}$ definiert:

$$\eta = \frac{\tau}{\dot{\gamma}} \qquad \text{(Gl. 2.4)}$$

Die mathematische Beschreibung der Viskosität im strukturviskosen Bereich kann mithilfe des Potenzfließgesetz nach Ostwald und de Waele oder dem Carreau-Ansatz erfolgen. Abbildung 2.12 zeigt exemplarisch beide Ansätze im Vergleich. Das Potenzfließgesetz nach Ostwald und de Waele beschreibt die Abhängigkeit der Viskosität von der Schergeschwindigkeit mit einer Linearisierung im doppelt logarithmischen Maßstab. Mit dem Fließexponenten

n, der die Steigung der Geradengleichung angibt, und dem temperaturabhängigen Fließgesetzkoeffizienten $K(T)$ kann die Viskosität wie folgt ausgedrückt werden:

$$\eta = K(T)\dot{\gamma}^{n-1} \qquad \textit{(Gl. 2.5)}$$

Der Fließgesetzkoeffizient $K(T)$ ergibt sich aus dem Arrhenius-Ansatz mit der Nullviskosität K_{0T} bei einer Schergeschwindigkeit von $1\ s^{-1}$, der Temperatur T_0 und dem Exponenten des Potenzgesetzkoeffizienten β zu [Sch94]:

$$K(T) = K_{0T}e^{-\beta(T-T_0)} \qquad \textit{(Gl. 2.6)}$$

Eine genauere Beschreibung des strukturviskosen Verhaltens ist mit dem Carreau-Ansatz möglich, einer Approximation der Fließkurve, die auf einem empirischen Modell basiert:

$$\eta = \frac{Aa_T}{(1 + Ba_T\dot{\gamma})^C} \qquad \textit{(Gl.2.7)}$$

Eine Temperaturabhängigkeit der Viskosität kann mithilfe eines dimensionslosen Temperaturverschiebungsfaktors a_T ausgedrückt werden. Mittels WLF-Beziehung (Williams-Landel-Ferry-Gleichung), in der eine Bezugs- und Standardtemperatur enthalten ist, ergibt sich der Temperaturverschiebungsfaktor a_T zu:

$$\log(a_T) = \frac{8{,}86(T_B - T_{St})}{101{,}3 + (T_B - T_{St})} - \frac{8{,}86(T - T_{St})}{101{,}6 + (T - T_{St})} \qquad \textit{(Gl. 2.8)}$$

T_B bezeichnet die Bezugstemperatur und T_{St} die Standardtemperatur. Die Standardtemperatur ist abhängig vom Kunststoff und liegt ca. 50 °C über der Glasübergangstemperatur [Sch18]. Die in (Gl.2.7) enthaltenen Faktoren A, B und C sind materialspezifische Konstanten, die anhand von experimentell bestimmten Fließkurven ermittelt werden. Dabei beschreibt der Faktor A die Nullviskosität, B die reziproke Übergangsschergeschwindigkeit und der Faktor C ergibt sich aus der Steigung der Tangente:

$$C = \frac{\log \eta_2 - \log \eta_1}{\log \dot{\gamma}_2 - \log \dot{\gamma}_1} \qquad \textit{(Gl. 2.9)}$$

Im Vergleich zum Potenzfließgesetz können mithilfe des Carreau-Ansatzes auch Bereiche geringer Schergeschwindigkeit beschrieben werden [Obe99].

Ein Nachteil ist, dass dieser Ansatz aufgrund seiner mathematischen Form in der Regel nicht für die analytische Berechnung der Wandschubspannung genutzt wird. Um dennoch den Vorteil beider Ansätze zu nutzen, können die Faktoren des Potenzgesetzes unter Berücksichtigung des Carreau-Ansatzes mithilfe der Gleichungen (Gl. 2.5, Gl. 2.7 und Gl. 2.9) bestimmt werden [Eff96]. Die Potenzgesetzparameter n und $K(T)$ berechnen sich dann mit dem Carreau-Parameter zu:

$$n = 1 - \frac{BCa_T\dot{\gamma}}{1 + Ba_T\dot{\gamma}} \qquad \textit{(Gl. 2.10)}$$

$$K(T) = \frac{Aa_T}{(1 + \mathrm{B}a_T\dot{\gamma})^C\dot{\gamma}^{n-1}} \qquad \textit{(Gl. 2.11)}$$

Berechnung der Wandschubspannung im Schmelzekanal

Abbildung 2.13 zeigt eine Druckströmung im Rechteckkanal mit der auftretenden Fließgeschwindigkeit v, der Schergeschwindigkeit $\dot{\gamma}$ und der Wandschubspannung τ.

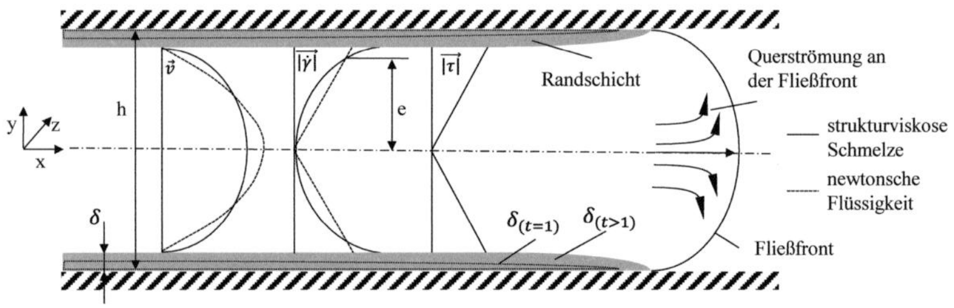

Abbildung 2.13: Schematische Darstellung einer voll ausgebildeten Druckströmung im Fließkanal mit Basisgrößen und der repräsentativen Schergeschwindigkeit [TaG13, Sch18]

Unter der Annahme einer wandhaftenden Schmelze ($v_{y=h/2} = 0$) bildet sich ein Geschwindigkeitsgradient mit der maximalen Fließgeschwindigkeit in der Kanalmitte ($v_{y=0} = v_{max}$) [JoW04]. Aufgrund der Relativgeschwindigkeit zwischen den Schichten kommt es zur Scherung $\dot{\gamma}$, mit dem Maximum an der Fließkanalwand. Darüber hinaus führt die Scherung aufgrund der Dissipation zu einer zusätzlichen Erwärmung der Schmelze.

Die Berechnung von Volumenstrom und Druck im Schmelzekanal erfolgt auf Basis des Energieerhaltungssatzes, des Massenerhaltungssatzes und des Impulserhaltungssatzes. Mit den Annahmen einer:

- stationären und isothermen Strömung,
- eines vollständig gefüllten Schmelzekanals,
- der Vernachlässigung der Randeffekte (Kanalbreite >> Kanalhöhe),
- einer inkompressiblen newtonschen Schmelze mit konstanter Dichte,
- Vernachlässigung der Randschichtbildung,
- kein Fließen in z – Richtung,
- Vernachlässigung der Schwerkraft,

vereinfacht sich der Impulserhaltungssatz zu [OsM12, Oss11]:

$$-\frac{\partial p}{\partial x}-\frac{\partial \tau}{\partial y}=0 \qquad \text{(Gl. 2.12)}$$

Der Druckgradient Δp entlang des Fließkanals mit der Länge l ergibt sich aus der Integration von (Gl. 2.12) über die Kanalhöhe y mit den Randbedingungen einer wandhaftenden Schmelze ($\tau_{y=0}=0$; $\tau_{y=\frac{h}{2}}=\tau_{Schmelze}$) zu:

$$\tau(y)=\frac{\Delta p}{l}y \qquad \text{(Gl. 2.13)}$$

(Gl. 2.13) verdeutlicht, dass die Schubspannung vom Druck und dem Kanalquerschnitt abhängt. In der Mitte des Fließkanals ist die Schubspannung Null und nimmt linear in Richtung der Kanalwand zu. Werden die Gesetze zur Ermittlung der Viskosität der Schmelze in (Gl. 2.13) eingesetzt und über die Kanalhöhe integriert, ergibt sich für die Wandschergeschwindigkeit für Potenzgesetzflüssigkeiten in einem Rechteckkanal [OsM12, Oss11]:

$$\dot{\gamma}_{Wand}=\frac{2(1+2n)\dot{V}}{h^2 b\, n} \qquad \text{(Gl. 2.14)}$$

Eine vereinfachte Berechnung der Wandschubspannung auf Basis newtonscher Fluide ist fehlerbehaftet, da die Schmelzen ein strukturviskoses Verhalten aufweisen. Unter der Verwendung der Weißenberg-Rabinowitsch-Korrektur oder der repräsentativen Viskosität nach Schümmer ist eine Korrektur möglich. Die Weißenberg-Rabinowitsch-Korrektur wird aus einer Differenzierung der scheinbaren Fließkurven berechnet und ist aufgrund der punktweisen grafischen Darstellung aufwändig. [MMM07, Mic10]

Der Korrektur nach Schümmer liegt die Annahme zugrunde, dass bei einer laminaren und isothermen Druckströmung die Schergeschwindigkeit eines newtonschen und strukturviskosen Fluids an einer Stelle im Fließkanal gleich ist. Dieser Fall ist exemplarisch in Abbildung 2.13 an der Stelle $y = e$ dargestellt. Mithilfe der Schubspannung und der Schergeschwindigkeit an diesem Ort, kann die wahre Viskosität für die dort vorliegende Schubspannung ermittelt werden. Die repräsentative Schergeschwindigkeit ergibt sich dann aus der newtonschen Schergeschwindigkeit multipliziert mit einem geometrieabhängigen Korrekturfaktor e für viskoelastische Flüssigkeiten für rechteckige Geometrien zu: [Sch18]

$$\bar{\dot{\gamma}} = 0{,}772 \, \frac{6\dot{V}}{h^2 b} \qquad \textit{(Gl. 2.15)}$$

Speziell beim Folienhinterspritzen kommt es durch die eingelegte Kunststofffolie zu einem asymmetrischen Schmelzefrontverlauf im Fließkanal aufgrund der reduzierten Wärmeleitung durch die eingelegte Folie. Abbildung 2.14 zeigt den Schmelzefrontverlauf in einem Fließkanal mit Folie (links) und ohne Folie (rechts). Trifft die Schmelze auf die begrenzende Werkzeugwand aus Stahl bzw. auf die Folie, kühlt die Schmelze schlagartig ab und erstarrt. Bei einem gleichmäßig temperierten Werkzeug ohne Folie ergibt sich eine symmetrische Fließfront infolge der symmetrischen Abkühlung. Wird auf einer Seite eine Folie eingelegt, führt diese aufgrund der reduzierten Wärmeleitung zu einer verzögerten Abkühlung und zu einem vorauseilenden Schmelzefrontverlauf [CLH10, CCC09, LCC14]. Infolge der reduzierten Abkühlung ergibt sich ein asymmetrisches Temperaturprofil, das in Richtung der Folie verschoben ist. Demnach sind auch die Viskositäten und somit die Fließgeschwindigkeiten verschieden.

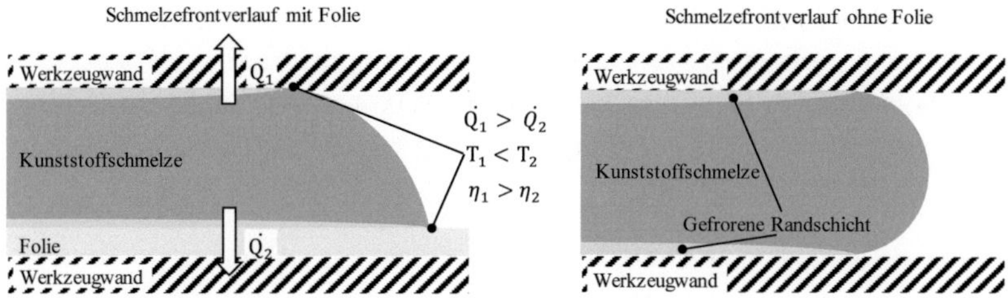

Abbildung 2.14: Schmelzefrontverlauf im Schmelzekanal mit Folie (links) und ohne Folie (rechts)

<u>*Schererwärmung beim Spritzgießen*</u>

Während des Einspritzvorgangs ändert sich die Temperatur der Schmelze durch die Abkühlung in Abhängigkeit der Einspritzzeit und der Fließweglänge, wodurch eine instationäre Wärmeleitung vorliegt. Die eindimensionale Wärmeströmung für ebene Wände wird mithilfe der Fourierschen Wärmeleitungsgleichung beschrieben [HMS95, GFD07, BÖW11]:

$$\frac{\partial T}{\partial t} = a \cdot \frac{\partial^2 T}{\partial z^2} \text{ mit } a = \frac{\lambda}{\rho \cdot c} \qquad \textit{(Gl. 2.16)}$$

Diese Differentialgleichung kann häufig nur numerisch gelöst werden, da die Randbedingungen an der Grenzfläche nicht direkt angegeben werden können [PGa90]. Unter vereinfachten Annahmen [Thi77] kann das Temperaturfeld der Schmelze wie folgt berechnet werden [OBB04]:

$$\rho\, c\, \frac{\partial T}{\partial t} = -\rho\, c\, v_x\, \frac{\partial T}{\partial x} + \lambda \frac{\partial^2 T}{\partial y^2} - \tau_{yx} \frac{\partial v_x}{\partial y} \qquad \textit{(Gl. 2.17)}$$

Das Temperaturfeld setzt sich somit aus einem Konvektionstherm, einem Wärmeleitungstherm und einem Dissipationstherm zusammen. Da die Kunststoffschmelze während der Verarbeitung einer Scherbeanspruchung ausgesetzt wird, kann die Wärmeleitung und die Konvektion vernachlässigt werden. Daraus ergibt sich, dass die Temperatur in der Fließkanalmitte konstant bleibt und durch die Scherung im Bereich der Folie und der Werkzeugwand durch Dissipation ansteigt (s. Abbildung 2.13) [Thi77, Sch09]. Die Dissipation ϑ_{Diss} berechnet sich aus der Viskosität des Kunststoffs η, der Dichte ρ, der spezifischen Wärmekapazität c und der Schergeschwindigkeit $\dot{\gamma}$ [Sch09]:

$$d\vartheta_{Diss} = \frac{\eta}{\rho \cdot c} \cdot \dot{\gamma}^2 \cdot dt \qquad \text{(Gl. 2.18)}$$

Dieser Zusammenhang ergibt sich aus der Energiegleichung unter Vernachlässigung der Wärmeleitung und des Wärmetransportes in Strömungsrichtung. Die größte Dissipation, das heißt die höchste Erwärmung der Schmelze, tritt in Bereichen der größten Scherrate auf.

2.3.2 Bildung einer erstarrten Randschicht während des Spritzgießens

Beim Einspritzvorgang kommt es beim Kontakt der Kunststoffschmelze mit der Werkzeugwand zum schlagartigen Abkühlen der Schmelze und der Bildung einer erstarrten und orientierten Randschicht an der Werkzeugwand [Ngu01, Men08, JoW04]. Abbildung 2.13 zeigt die Randschichtbildung anhand der Randschichtdicke δ im Schmelzekanal, welche sich direkt hinter der Fließfront ausbildet. Aufgrund der hohen Schergeschwindigkeiten, der konstanten Materialzufuhr im Angussbereich sowie an der Fließfront, ist die erstarrte Schicht in diesen Bereichen dünner und erreicht die maximale Dicke zwischen Anguss und Fließfront [Bea12]. Bislang liegen nur wenige Erkenntnisse über den Prozess der Randschichtbildung und der Phasenübergänge vor [Cho00, Via04]. Da diese Vorgänge innerhalb von Millisekunden im Spritzgießwerkzeug ablaufen, ist eine direkte Beobachtung und eine messtechnische Erfassung in der Praxis nur schwer umsetzbar. Rückschlüsse auf die Randschichtdicke können anhand der Morphologie gewonnen werden. Bei teilkristallinen Kunststoffen besteht zudem die Möglichkeit, auf Basis des Kristallisationsgrades, der von der Abkühlgeschwindigkeit abhängt, und der Molekülorientierung Rückschlüsse auf die Randschicht zu ziehen.

Die Arbeit von [NGC11] untersucht den Einfluss von Prozessparametern auf die Morphologie von spritzgegossenen Mikrobauteilen aus PP mit einer Wanddicke von 0,5 mm. Grundsätzlich bildet sich eine typische Struktur bestehend aus Randschicht, Scherschicht und Kernschicht. Die Randschicht bezeichnet die erstarrte Schicht an der Werkzeugwand und ist aufgrund der schlagartigen Abkühlung durch eine geringe Kristallinität charakterisiert. In der Mitte des Fließkanals bildet sich eine Kernschicht mit einem gleichmäßigen Gefüge und geringer Orientierung aus. Zwischen der Randschicht und Kernschicht bildet sich eine Scherschicht, die durch eine hohe Molekülorientierung infolge eingefrorener Spannungen charakterisiert ist. [NGC11]

Die Dicke der Randschicht wird durch die Temperaturen und die thermischen Eigenschaften der Werkzeugwand und Kunststoffschmelze, der Verweilzeiten und der Fließgeschwindigkeiten bestimmt [Bea12]. Steigende Werkzeugwandtemperaturen führen zu einer Abnahme der Randschichtdicke, die Dicke der Scherschicht bleibt gleich. Im Gegensatz hierzu hat eine steigende Schmelzetemperatur einen geringen Einfluss auf die Randschichtdicke, führt jedoch zu einer Abnahme der Scherschicht aufgrund der geringeren Viskosität der Schmelze. Aufgrund kurzer Verweil- und Erstarrungszeiten führen hohe Einspritzgeschwindigkeiten ebenfalls zu einer Reduzierung der Rand- und Scherschichtdicke. [NGC11, KLF87]

Die von [KLF87] gemessenen Randschichtdicken entlang des Fließweges einer 2 mm dicken Platte aus einem teilkristallinen PP-KS10 liegen bei einer Schmelzetemperatur von 280 °C und einer Werkzeugwandtemperatur von 50 °C bei ca. 10 µm und steigen bei einer Schmelzetemperatur von 200 °C und einer Werkzeugwandtemperatur von 20 °C auf ca. 40 µm an.

Für folienhinterspritzte Formteile stellt [LaF11] fest, dass die eingefrorene Randschicht auf der Dekorseite dünner ist, da die Kunststoffschmelze an der Folie nicht so stark abgekühlt wird. Ferner führen die unterschiedlichen Kühlraten an der dekorierten und nicht dekorierten Seite zu einer asymmetrischen Wirkung des Nachdrucks.

Einen ersten Ansatz zur Berechnung der Randschichtdicke auf Grundlage der dimensionslosen Kennzahlen, der eindimensionalen Wärmeleitung nach Fourier, der dimensionslosen Temperatur und der Fourier-Zahl stellten [DWC78] vor, der später von [BHB91] erweitert wurde. Nach [BHB91] kann das Wachstum der Randschichtdicke δ mit der Übergangstemperatur T_t, der Werkzeugwandtemperatur T_W, der Schmelzetemperatur T_S, dem Wärmeübergangskoeffizienten α und der Kontaktzeit t_c wie folgt berechnet werden:

$$\delta(t) = 2 * \frac{T_t - T_W}{T_S - T_W} * \sqrt{\alpha * t_c} \qquad \text{(Gl. 2.19)}$$

Dabei liegt die Übergangstemperatur zwischen der Glasübergangs- und der Schmelzetemperatur und beschreibt die Temperatur, bei dem der Kunststoff erstarrt. Die Kontaktzeit t_c zwischen Schmelze und Werkzeugwand ergibt sich aus der Fließweglänge l und der Füllzeit t_{Ein} unter Annahme einer konstanten Fließfrontgeschwindigkeit v_F zu:

$$t_c = t_{Ein} - \frac{l}{v_F} \qquad \text{(Gl. 2.20)}$$

In Abhängigkeit der Fließweglänge l kann die absolute Dicke der Randschicht in Abhängigkeit der Temperaturen, der Fließkanalhöhe h und des Fließexponenten n wie folgt berechnet werden [DiW78]:

$$\delta(l) = 1{,}86 * \frac{T_t - T_W}{T_S - T_t} * \left(\frac{\alpha}{2} * \frac{h}{v_F} * \frac{n}{2n+1}\right)^{1/3} * l^{\frac{1}{3}} \qquad \text{(Gl. 2.21)}$$

Dieser Zusammenhang zeigt, dass die Randschichtdicke mit geringen Werkzeugwandtemperaturen, niedrigen Schmelzetemperaturen, hohen Wanddicken und niedrigen Volumenströmen zunimmt.

2.3.3 Entstehung von Molekülorientierungen

Die beschriebene Randschichtbildung geht mit einer Ausrichtung der Polymerketten einher, die zu einer Molekülorientierung führt. Die Orientierungen können auf Deformationen der Kunststoffschmelze aufgrund von Dehnung und Scherung zurückgeführt werden [JoW04]. Bereiche hoher Orientierung deuten somit auf eine hohe Scherung hin und können zudem das Schwindungsverhalten des Kunststoffs und somit den Verzug beeinflussen.

In zahlreichen Arbeiten wurden die Ursachen der Orientierung an der Oberfläche bzw. in der Randschicht untersucht [Tad74, MeW73, Wal76, DiW78, KaT79, IsH80, MHV88a, Wim96, MSK89], wobei die genauen Mechanismen zur Ausbildung der Orientierung noch immer unklar sind. [Jue03] hat die beiden grundsätzlich bestehenden Theorien wie folgt zusammengefasst:

„Zum einen werden die hohen Orientierungen der Randschicht mit der Dehnspannung der Fließfront erklärt, zum anderen wird die hohe Orientierung auf hohe Scherspannung zurückgeführt. Unabhängig davon stimmen alle Theorien darin überein, dass die maximale Orientierung in Bereichen der höchsten Belastungen der Schmelze am Randbereich vorliegen und in Richtung Kernschicht abfallen.“

Höhe und Verlauf der Orientierung werden durch Strömungs- und Abkühlbedingungen, also durch die Massetemperatur, die Werkzeugwandtemperatur, die Einspritzgeschwindigkeit und die Nachdruckhöhe bestimmt [Wue74, Ret75, JoW04]. Der Einfluss der Maschinenstellgrößen auf die Orientierung in der Formteilmitte und am Rand sind in Tabelle 1 dargestellt [JoW04].

Tabelle 1: Einfluss der Maschineneinstellwerte auf die Molekülorientierung [JoW04]

Erhöhung der Maschinenstellgröße		Veränderung der Orientierung in Formteilmitte	am Formteilrand	gesamt
Massetemperatur	↑	Orientierung ↓	Orientierung ↓	Orientierung ↓
Werkzeugwandtemperatur	↑	Orientierung ↓	Orientierung ↓	Orientierung ↓
Einspritzgeschwindigkeit	↑	Orientierung ↓	Orientierung ↑	Orientierung ↓
Nachdruckhöhe	↑	Orientierung ↑	-	Orientierung ↑

↑ Erhöhung ↓ Reduzierung

Steigende Masse- und Werkzeugwandtemperaturen führen aufgrund einer geringeren Viskosität und geringeren Deformationsbelastung zu niedrigeren Orientierungen, wobei der Einfluss der Massetemperatur höher ist. Höhere Einspritzgeschwindigkeiten führen aufgrund höherer Scherungen zu steigenden Orientierungen in der Randschicht, jedoch zu einer geringeren Gesamtorientierung im Formteil, da durch die höhere Reibung das Temperaturniveau und damit die Relaxation steigt. Der Nachdruck führt durch eine höhere Scherung in der Formteilmitte zu höheren Orientierungswerten, die Randschichten bleiben davon jedoch unberührt. Abbildung 2.15 zeigt den Orientierungsverlauf in Abhängigkeit der Fließweglänge [Jan83].

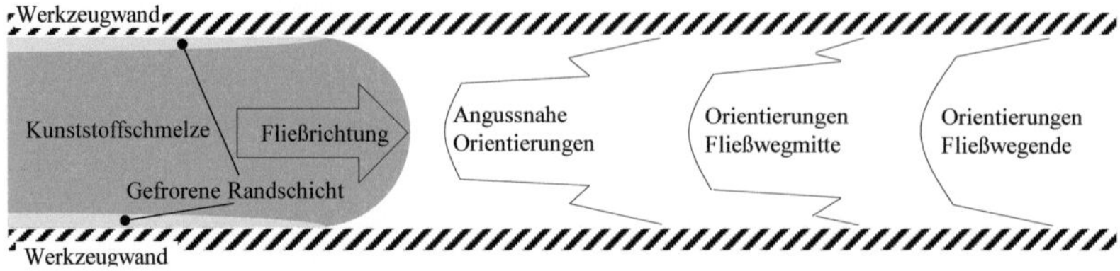

Abbildung 2.15: Orientierungsprofil in Abhängigkeit des Fließweges und der Nachdruckphase

Aufgrund der Randschichtdicke und der geringeren Scherraten zum Fließwegende hin, nehmen die Orientierungen mit dem Fließweg ab. Ferner werden die Orientierungsunterschiede zwischen Randschicht und Kern immer geringer. Bei einer punktförmigen Anspritzung kommt es im Bereich des Angusses zu einer biaxialen Verstreckung der Moleküle, da es hier aufgrund der Quellströmung neben der Schmelzeumverteilung von innen nach außen zu einer Umverteilung in Breitenrichtung kommt [JoW04].

Eine häufig angewandte Methode zur Messung der Orientierung ist die Messung der Doppelbrechung [Wim95]. Der Orientierungszustand kann durch die von Hermans beschriebene Orientierungsfunktion mit dem Winkel ϑ zwischen der Hauptrichtung der Molekülsegmente und der betrachteten Richtung wie folgt beschrieben werden [Her49]:

$$Or = \frac{1}{2}[3\cos^2\vartheta - 1] \qquad (Gl.\ 2.22)$$

Dabei kann es bei Kunststoffen mit einem hohen Wert des spannungsoptischen Koeffizienten im Glaszustand, wie beispielsweise bei Polycarbonat (PC), zu Schwierigkeiten kommen, da die abkühlbedingte innere Spannung die gesamte Doppelbrechung negativ beeinflussen kann [Str78, Isa83].

2.3.4 Schwindungsphänomene beim Spritzgießen

Nachdem der Einspritzvorgang sowie die Nachdruckphase abgeschlossen sind und der Siegelpunkt erreicht ist, kühlt das Formteil ab und es kommt zur Schwindung des Kunststoffs. Schwindung bezeichnet eine irreversible Volumenkontraktion, die beim Abkühlen von Kunststoff vom schmelzflüssigem in den festen Zustand eintritt. Schmidt führte den Begriff „Verarbeitungsschwindung“ ein [Sch86], die nach DIN 16901 als die Differenz zwischen Werkzeugmaß und Formteilmaß bei Raumtemperatur (23 °C +- 2 °C) nach einer 16-stündigen Lagerung nach der Fertigung definiert ist. Nach diesen 16 Stunden kann es zu einer weiteren Nachschwindung durch Relaxation von Eigenspannungen, Orientierungen und ggf. Nachkristallisation kommen, die bei amorphen Materialien zu vernachlässigen sind [Moo83]. Die Volumenschwindung setzt sich aus einer Längsschwindung, einer Breitenschwindung und einer Dickenschwindung zusammen, die aufgrund der Anisotropie unabhängig voneinander auftreten [Pöt91]. Infolge der Schwindung entstehen Einfallstellen, Eigenspannungen und Verzug [Sch86]. In Anlehnung an [Pöt91] werden im Folgenden nur die Haupteinflussparameter auf die Schwindung betrachtet, da eine Darstellung aller Einflussgrößen und deren Wechselwirkung aufgrund der Komplexität im Rahmen dieser Arbeit nicht möglich ist. Die Ursache für die Schwindung liegt im thermischen und druckabhängigen Ausdehnungsverhalten von thermoplastischen Kunststoffen, das aus dem Materialverhalten, den Prozessparametern und der Formteilgeometrie resultiert:

- Material: Thermodynamisches Stoffverhalten ist die wesentliche Ursache für Schwindung. Ferner kann das Schwindungsverhalten durch Füll- und Verstärkungsstoffe beeinflusst werden [Pöt91]. Aufgrund der linearen Temperaturabhängigkeit des spezifischen Volumens bei amorphen Materialien, ist dieser Einfluss bei teilkristallinen Materialien deutlich höher [Hov84].

- Formteilgeometrie: Die Wanddicke beeinflusst die thermischen und die rheologischen Randbedingungen. Die mechanischen Randbedingungen werden durch die Steifigkeit der Geometrie sowie die Lage des Formteils im Werkzeug [Sch86, Sch78] beeinflusst. Während bei teilkristallinen Materialien die Schwindung wesentlich von der Wanddicke durch das Kristallisationsverhalten abhängt [Pöt91], ist die Schwindung bei amorphen Materialien konstant [Woe77].

- Prozess: Nachdruck hat einen großen Einfluss auf die Schwindung [Sti73], da zusätzliches Material zur Schwindungskompensation beim

Abkühlen ins Werkzeug eingebracht wird. Ferner hat die Schmelzetemperatur einen großen Einfluss auf die Schwindung, da diese das Kontraktionspotential bestimmt [Pöt91]. Hohe Temperaturen führen zu einem hohen Kontraktionspotential beim Abkühlen, gleichzeitig führen hohe Temperaturen zu geringeren Viskositäten und folglich zu einer guten Formteilfüllung sowie einer guten Druckübertragung, wodurch zusätzliches Material zur Schwindungskompensation in das Formteil gefördert wird. Nach [Woe77, ScP71, BLM87, Woe81] überwiegt jedoch die bessere Druckübertragung gegenüber dem höheren Schwindungspotential. Auch bei der Werkzeugwandtemperatur treten gegenläufige Effekte durch ein verbessertes Fließen und eines höheren Kontraktionspotentials bei höheren Temperaturen auf. Nach [Pöt91] ist der Einfluss der Werkzeugwandtemperatur auf die Schwindung von amorphen Materialien zu vernachlässigen.

Die Abhängigkeit des spezifischen Volumens vom Druck und der Temperatur wird in Form von Isobaren in einem pvT-Diagramm dargestellt. Abbildung 2.16 zeigt das pvT-Diagramm am Beispiel des amorphen Polycarbonates Makrolon 2405 mit signifikanten Punkten aus dem Spritzgießzyklus, die das thermische und druckabhängige Ausdehnungsverhalten im Idealfall darstellen [MHM02].

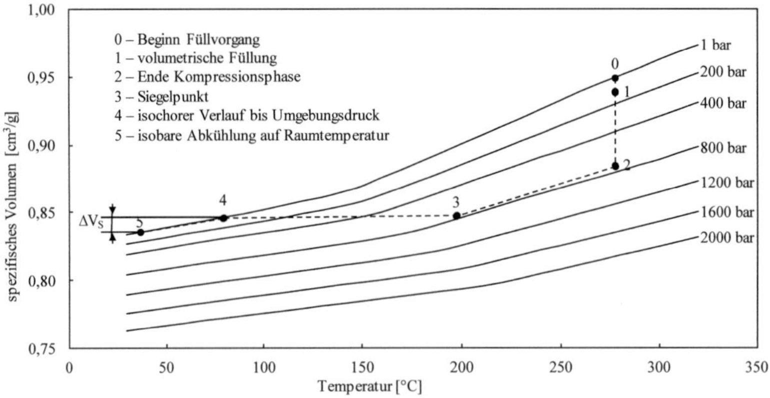

Abbildung 2.16: pvT-Diagramm am Beispiel Makrolon 2405 mit exemplarischen Spritzgießzyklus

Im p-v-T-Diagramm wird das spezifische Volumen v_s in Abhängigkeit der Temperatur T und des Druckes p dargestellt. Der Spritzgießzyklus beginnt unter Normaldruck mit dem Füllvorgang bei Punkt 0. Nachdem die Kavität geometrisch vollständig gefüllt ist (Punkt 1), beginnt die Kompressionsphase bis zum Erreichen das eingestellten Maximaldrucks (Punkt 2). Anschließend kühlt das Formteil bis zum Erreichen des Siegelpunktes (Punkt 3) im Idealfall entlang der Isobaren ab und kühlt weiter isochor bis zum Auswerfen (Punkt 4) ab. Nachdem Auswerfen kühlt das Formteil unter Umgebungsdruck auf Raumtemperatur ab. Die Verarbeitungsschwindung ergibt sich dann aus der Differenz des spezifischen Volumens zwischen Punkt 4 und 5. Eine Erhöhung der Werkzeugwandtemperatur führt zu einer Verschiebung des Punktes 4 zu einem höheren spezifischen Volumen, was eine höhere Verarbeitungsschwindung zur Folge hat.

Während des Spritzgießzyklus werden geometrieabhängig verschiedene Druck- und Temperaturbereiche im Formteil durchlaufen, in deren Folge sich das Volumen lokal ändert. Vereinfacht betrachtet kann man beim Füllvorgang von einem isothermen Vorgang ausgehen, bei dem eine Volumenkontraktion durch den Einspritzdruck stattfindet und bei dem der Maximaldruck in der Kompressionsphase erreicht wird. Anschließend findet ein Druck- und Temperaturabfall bis zum Erreichen des Siegelpunktes statt.

Verzug, Einfallstellen und Eigenspannungen werden durch Schwindung und vor allem Schwindungsdifferenzen hervorgerufen [Sch86]. Dabei sind mögliche Ursachen für Schwindungsdifferenzen:

- äußere Behinderung der Längenkontraktion durch Hinterschneidungen [Pöt91],
- strömungsbedingte Anisotropie, durch Molekül- und Faserorientierung [Woe79],
- innere Behinderungen durch thermische Kontraktionspotentiale aufgrund des Temperaturprofils [Hov84, Sti73], welche durch Kraftschluss zu kalten Außenschichten nicht kontrahieren können [Pöt91],
- Orientierungsunterschiede in und quer zur Fließrichtung [Sti73],

- Schwindungsdifferenzen aufgrund Wanddickenunterschied, da die Wanddicke quadratisch in den Exponenten der Schwindungsfunktion eingeht [Sti73],
- lokale Schwindungsunterschiede durch asymmetrische Abkühlung o-der durch unterschiedliche Abkühlung in Fließrichtung aufgrund von Druckverlusten,
- fließwegabhängige Schwindungsdifferenzen und Strömungseffekte [Sti73, Pöt91],
- Verstreckung einer hochviskosen Haut an Fließfront oder Ausrichtung von Fasern [Wie03],
- Expansionseffekte bei Entformung: Entformung unter Werkzeuginnendruck aufgrund zu kurzer Kühlzeit oder zu hohem Druck [Wie03].

Eigenspannungen bezeichnen Spannungen, die ohne äußere Kräfte im inneren des Formteils auftreten. Eigenspannungen treten immer paarweise als Druck- und Zugspannungen auf, die sich gegenseitig aufheben [Bac85]. Dabei haben abkühlbedingte Spannungen den größten Einfluss auf die Eigenspannungen [Gal94]. Entscheidend ist das Temperaturprofil zum Zeitpunkt, an dem kein Material zur Schwindungskompensation nachfließen kann. Abbildung 2.17 zeigt die Entstehung von Eigenspannung anhand des Erstarrungsmodells von Stitz [Sti73]. In Abhängigkeit des Temperaturprofils ergeben sich unterschiedliche Schwindungspotentiale über dem Querschnitt. Dabei wird das Schwindungspotential durch die Länge der einzelnen Schichten dargestellt und zeigt die Schwindung der Einzelschichten für den Fall, dass diese voneinander abgleiten. Da diese Schichten mechanisch gekoppelt sind und nicht frei abgleiten können, werden Eigenspannungen hervorgerufen. Die äußeren Schichten werden durch die Kopplung gestaucht und die inneren Schichten gedehnt.

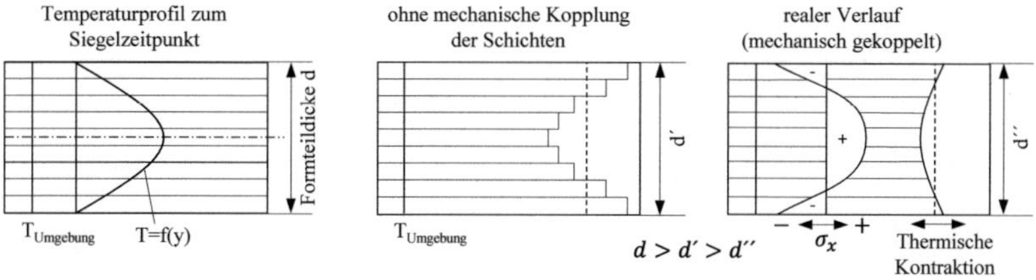

Abbildung 2.17: Entstehung der Eigenspannung aus thermischer Kontraktion [Sti73]

Ein asymmetrisches Temperaturprofil führt jedoch zu asymmetrischen Eigenspannungen und zu einem Formteilverzug. Ferner werden Eigenspannungen durch Expansionseffekte, welche bei einer Entformung unter Werkzeuginnendruck entstehen, oder eine hochorientierte Randschicht hervorgerufen [Pöt91].

2.3.5 Thermische Effekte und Temperaturprofil beim Folienhinterspritzen

Abschnitt 2.2 hat gezeigt, dass das Temperaturprofil im Formteil einen Einfluss auf den Verzug, die Verbundfestigkeit und die Auswaschung hat. Aus diesem Grund werden im folgenden Abschnitt die Wärmeübertragung zwischen Schmelze/ Folie und zwischen Folie/ Werkzeugwand sowie die thermischen Effekte in Bezug auf das Folienhinterspritzen betrachtet. Ferner werden im Hinblick auf eine spätere Simulation zum Temperaturverlauf bisherige Erkenntnisse zu den Wärmeübergangskoeffizienten beim Spritzen zusammengefasst.

Im Vergleich zum konventionellen Spritzgießen bildet sich beim Folienhinterspritzen aufgrund der eingelegten Kunststofffolie ein asymmetrisches Temperaturprofil aus [Wie03, CLH10, CCC09, LCC14]. Abbildung 2.18 zeigt den typischen Temperaturverlauf beim Folienhinterspritzen, der auf unterschiedliche Wärmeübergangskoeffizienten zwischen Schmelze und Werkzeugwand sowie Schmelze und Kunststofffolie zurückzuführen ist. Die Folie liegt zwischen Werkzeugwand und Schmelze, wodurch der Wärmestrom $\dot{Q}$ zur Werkzeugwand reduziert wird.

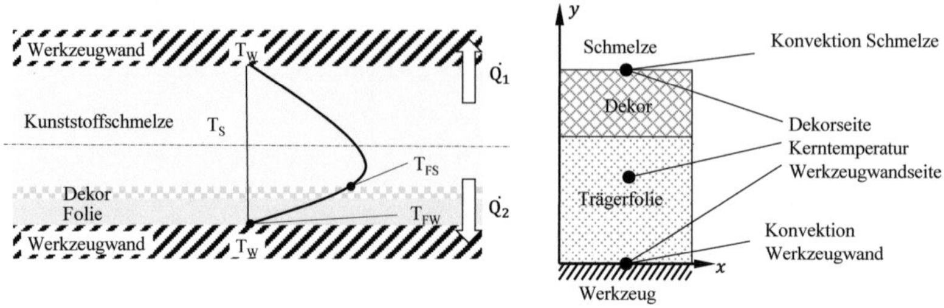

Abbildung 2.18: Typischer Temperaturverlauf beim Folienhinterspritzen

Das Temperaturprofil ist dabei von den Werkzeugwandtemperaturen T_W, den Schmelzetemperaturen T_S, den Wärmeübergangskoeffizienten α und den thermischen Eigenschaften der Materialien abhängig. Wärmeübertragung kann über Wärmeleitung, Konvektion und Wärmestrahlung stattfinden [HMS95]. Beim Folienhinterspritzen erfolgen Wärmeübertragungseffekte zwischen der Werkzeugwand und der Kunststofffolie (T_{FW}) sowie zwischen Kunststofffolie und Schmelze (T_{FS}).

Stationäre Wärmeleitung und thermische Eigenschaften der Kunststoffe

Die durch die Kunststoffschmelze eingebrachte Wärmemenge Q kann mit der Stoffmasse m, der spezifische Wärmekapazität c und der Temperaturdifferenz ΔT berechnet werden [BaS13]:

$$Q = c \cdot m \cdot \Delta T \qquad \text{(Gl. 2.23)}$$

Nach dem fourier'schen Gesetz strömt die Wärme entlang eines Temperaturgradienten mit dem Wärmestrom $\dot{Q}$ durch eine ebene Wand. Der Wärmestrom ergibt sich mit der Fläche A, der Wanddicke d und der Wärmeleitfähigkeit λ oder dem thermischen Gesamtwiderstand R_w zu [HMS95, Car90]:

$$\dot{Q} = \lambda \cdot A \cdot \frac{\Delta T}{d} = \frac{\Delta T}{R_w} \qquad \text{(Gl. 2.24)}$$

Aus Gleichung 2.24 folgt, dass hohe Wärmedurchgänge aus hohen Temperaturdifferenzen, niedrigen Wanddicken, großen Flächen, hohen Wärmeübergangskoeffizienten und hohen spezifischen Wärmeleitfähigkeiten resultieren.

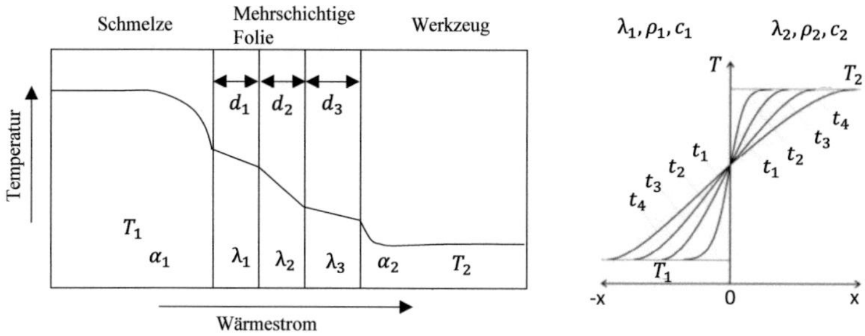

Abbildung 2.19: Wärmedurchgang durch eine mehrschichtige ebene Wand (links) und Temperaturprofil zweier halbunendlich ausgedehnter Platten (rechts) [Ame09]

Abbildung 2.19 zeigt exemplarisch den Temperaturverlauf durch eine mehrschichtige Wand mit unterschiedlichen Wärmeleitfähigkeiten λ und einem angrenzenden Fluid mit einem Wärmeübergangskoeffizienten α (links) sowie den Temperaturverlauf beim Kontakt zweier halbunendlich ausgedehnter Platten in Abhängigkeit der Zeit (rechts).

Dabei kann der Temperaturverlauf durch eine mehrschichtige Wand als Reihenschaltung unterschiedlicher Wärmewiderstände R mit dem Gesamtwiderstand R_w wie folgt berechnet werden [GFD07, HMS95]:

$$R_W = \frac{1}{\alpha \cdot A} + \sum_{i=1}^{n} \frac{d_i}{\lambda_i \cdot A} \qquad \text{(Gl. 2.25)}$$

Die Kontakttemperatur an der Kontaktstelle ($x = 0$), an der sich die Platten berühren, kann dabei wie folgt angegeben werden [HMS95, BOR13]:

$$T_k = \frac{b_2}{b_1 + b_2}(T_2 - T_1) + T_1 \qquad \text{(Gl. 2.26)}$$

Mit der Wärmeeindringzahl b:

$$b = \sqrt{\rho c \lambda} \qquad \text{(Gl. 2.27)}$$

Da sich die Wärmeeindringzahl aus Materialdaten zusammensetzt, kann die Kontakttemperatur bei ähnlichen Materialkombinationen aus der mittleren

Temperatur berechnet werden. Somit eignet sich die Kontakttemperatur zur überschlägigen Berechnung der Temperatur an der Folienoberfläche.

In Abhängigkeit der Materialien ergeben sich weitere Unterschiede bei der Wärmeleitung. In Abbildung 2.20 sind die qualitativen Verläufe der Wärmekapazität c, der Dichte ρ und der Wärmeleitfähigkeit λ von amorphen und teilkristallinen Kunststoffen dargestellt. Die Wärmekapazität amorpher und teilkristalliner Kunststoffe steigt bis zur Glasübergangstemperatur linear an. Da bei teilkristallinen Materialien Energie zum Aufschmelzen der kristallinen Strukturen notwendig ist, bildet sich ein Peak im Bereich der Glasübergangstemperatur aus. Die Wärmeleitfähigkeit teilkristalliner Kunststoffe ist im Vergleich zu amorphen höher, da die Packungsdichte höher ist und die Wärme über kovalente Bindungen geleitet wird [MHM11]. Die geringere Wärmeleitung amorpher Kunststoffe ist auf Gitterbaufehler und die vorliegenden Van-der-Waals-Bindungen zurückzuführen [VaN09, ReL91].

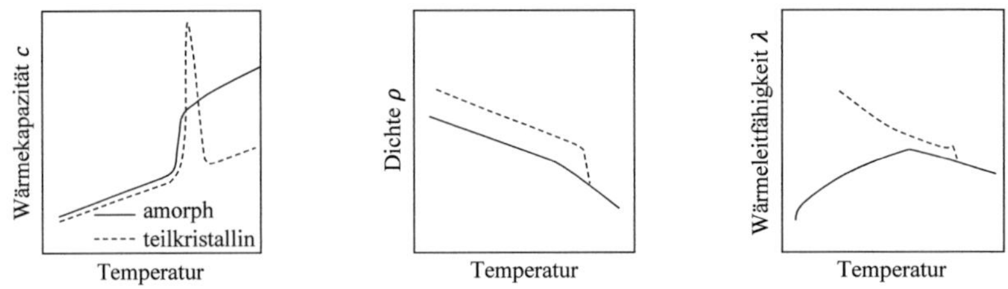

Abbildung 2.20: Qualitativer Verlauf der spezifischen Wärmekapazität, der Dichte und der Wärmeleitfähigkeit von amorphen und teilkristallinen Kunststoffen [MHM02, Van90]

<u>*Temperaturprofil beim Folienhinterspritzen*</u>

Eine eingelegte Kunststofffolie führt zu einer verzögerten Wärmeleitung zwischen Schmelze und Werkzeugwand, was zu einer verzögerten Temperaturerhöhung der Werkzeugwand nach dem Einspritzen führt [CLH10, LCC14]. Eine Vergleichsmessung der Werkzeugwandtemperaturen mit und ohne Folie ergab eine Reduzierung der Temperaturen bei einer 175 µm dicken PC-Folie, bei Werkzeugwandtemperaturen von 75 °C bis 95 °C sowie Schmelzetemperaturen zwischen 280 °C bis 310 °C, zwischen 13 °C und 18 °C [CLH10]. Die

Differenz nimmt mit steigender Schmelzetemperatur und fallenden Werkzeugwandtemperaturen zu. Bei 50 µm dicken PET Folien ist diese Differenz aufgrund der höheren Wärmeleitung kleiner und wird zwischen 10 °C und 13 °C angegeben. [LCC14] ermittelt bei einem ähnlichen Versuchsaufbau bei einer Werkzeugwandtemperatur von 50 °C und einer Schmelzetemperatur von 230 °C eine Kontakttemperatur von ca. 57 °C zwischen Folie und Werkzeugwand und von 59 °C zwischen Schmelze und Werkzeugwand. Ferner wurden die Kontakttemperaturen zwischen Folie und Schmelze simuliert, da eine direkte Messung nicht möglich ist [CLH10]. Die berechneten Kontakttemperaturen liegen bei Schmelzetemperaturen von 208 °C bis 310 °C zwischen 190 °C und 205 °C. Aufgrund der temperaturabhängigen Wärmeleitfähigkeit von Kunststoffen wurde zusätzlich die Kontakttemperatur zwischen Folie und Schmelze bei unterschiedlicher Wärmeleitfähigkeit von 0,1 W/m K und 0,2 W/m K berechnet. Eine Erhöhung der Wärmeleitfähigkeit führt dabei zu einer Reduzierung der Kontakttemperaturen von ca. 23 °C [CLH10]. Die Messung der Kontakttemperatur erfolgt dabei über Temperatursensoren, die in die Werkzeugoberfläche integriert werden. Die Messungen sind oftmals mit Fehlern behaftet, da die Temperatur des Fühlers wesentlich durch die Werkzeugwand beeinflusst wird.

Wärmeübergangskoeffizienten beim Folienhinterspritzen

Eine Literaturrecherche zum Wärmeübergang zwischen Folie und Werkzeugwand sowie zwischen Folie und Schmelze ist im Folgenden kurz zusammengefasst:

- [Blu96]: Untersuchungen zum Wärmeübergang beim Spritzgießen zwischen Schmelze und Werkzeugwand ergab ca. 3.000 W/(m^{2}K) zu Beginn der Nachdruckphase, 1.500 – 1.000 W/(m^{2}K) im weiteren Abkühlverlauf und ca. 500 W/(m^{2}K) bei dem Abfall von Werkzeuginnendruck auf Umgebungsdruck.
- [Bru06]: Wärmeübergang zwischen Schmelze und Werkzeugwand beträgt ca. 550 W/(m^{2}K), eine Änderung im Abkühlverlauf wird nicht beobachtet.

- [Wan85]: Wärmeübergang zwischen Schmelze und Werkzeugwand ist eine Funktion der Zeit und variiert zwischen 2.000 – 5.000 W/(m^{2}K).
- [YSP90]: Berechnung des Wärmeübergangs zwischen Schmelze und Werkzeugwand auf Basis der Wärmeleitungsgleichung ergab 435 – 1.250 W/(m^{2}K).
- [NJP08]: Ermittlung eines Wärmeübergangskoeffizient zwischen Schmelze und Werkzeugwand von 14.000 W/(m^{2}K) beim Mikrospritzguss aus experimentellen Untersuchungen.
- [Wie03]: Der Wärmeübergang zwischen Werkzeugwand und Schmelze kann mit dem folgenden Zusammenhang bestimmt werden:

$$\alpha_{Schmelze/Werkzeug} = \frac{1000}{\sqrt{\frac{h}{mm^2}}} [\frac{W}{m^2K}] \quad \text{(Gl. 2.28)}$$

Somit beträgt der Wärmeübergang bei 1 mm dicken Formteilen 1.000 W/(m^{2}K) und fällt auf 577 W/(m^{2}K) bei 3 mm dicken Formteilen ab.

Zusammenfassend ergibt sich eine große Spannweite der Literaturangaben für den Wärmeübergangskoeffizient zwischen Werkzeugwand und Schmelze zwischen 500 und 5.000 W/(m^{2}K).

[Wil97] bestimmte die Wärmedurchgangskoeffizienten durch Dekorfolien unterschiedlicher Dicke mit einer Vorrichtung, in der die Folien zwischen Platten unterschiedlicher Temperatur gelegt werden und die Temperatur entlang einer Messstrecke ermittelt wird. Die Abhängigkeit zwischen Werkzeugoberflächenqualität und Wärmedurchgang ist laut [Wie03] signifikant und variiert zwischen $R_Z = 1\ \mu m$ und $R_Z = 8\ \mu m$ um ca. 20 %. Ferner steigt der Wärmeübergang gering mit dem Werkzeuginnendruck. Den größten Einfluss hat die Foliendicke mit Werten von 600 W/(m^{2}K) für 250 µm dicke PC-Folien und 500 W/(m^{2}K) bei 375 µm dicken PC-Folien.

2.3.6 Verformungsverhalten der Kunststofffolie

Werden Kunststoffe mit einer äußeren Kraft beansprucht, tritt in Abhängigkeit von Zeit, Temperatur und Beanspruchungsgeschwindigkeit, eine Verformung auf. Dabei unterscheidet man zwischen einer elastischen Verformung, einer zeitabhängigen viskoelastischen Verformung und einer viskosen Verformung, die einzeln auftreten oder sich überlagern können [Ehr04, Dom08, GrS15].

Abbildung 2.21 zeigt das Verformungsverhalten von Kunststoffen in Abhängigkeit der Temperatur anhand des Schubmodules G und des Verlustfaktors d.

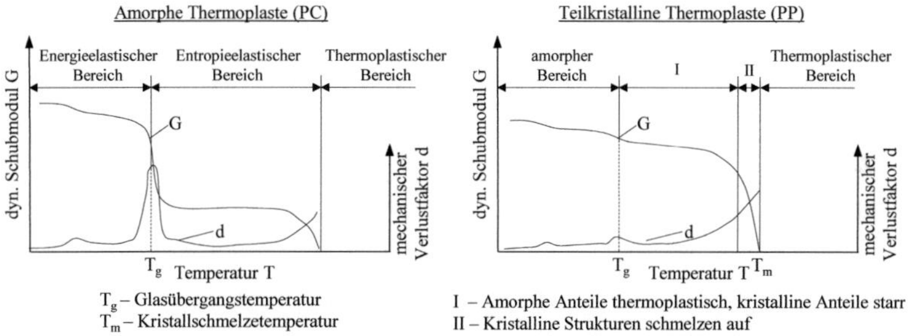

Abbildung 2.21: Verformungsverhalten von Kunststoffen in Abhängigkeit der Temperatur am Beispiel des Schubmoduls G und des Verlustfaktors d [Erh08]

Ein energieelastischer (hartelastischer) Zustand liegt unterhalb der Glasübergangstemperatur vor. Beim Überschreiten der Glasübergangstemperatur fällt das Schubmodul amorpher Thermoplaste stark ab und der Kunststoff befindet sich im entropieelastischen Bereich, im Bereich der Warmumformung. Bei teilkristallinen Kunststoffen fällt das Schubmodul beim Überschreiten der Glasübergangstemperatur nur geringfügig ab. Der Zustand der Warmverformbarkeit wird erst oberhalb der Glasübergangstemperatur erreicht. Dieses Verhalten ist auf die Topologie der amorphen und teilkristallinen Strukturen zurückzuführen. Amorphe Strukturen, die durch Verschlaufungen zwischen den Kettenmolekülen bestimmt werden, lösen sich beim Überschreiten der Glasübergangstemperatur auf. Somit verliert der Kunststoff seine Festigkeit und das Schubmodul nimmt schlagartig ab. Bei teilkristallinen Kunststoffen lösen sich beim Überschreiten der Glasübergangstemperatur die amorphen Strukturen auf, die teilkristallinen Bereiche bleiben jedoch erhalten und werden erst bei höheren Temperaturen aufgelöst. Somit behält der Kunststoff mit teilkristallinen Strukturen auch beim Überschreiten der Glasübergangstemperatur seine Festigkeit. [Per98, BoY74, Chr02]

Mathematisch kann die Verformung von Kunststoffen mit dem Burger Modell beschrieben werden, welches sich aus 4 Parametern zusammensetzt [EHE08, Erh08]:

- Einem elastischen Anteil (spontan reversibel), der mithilfe der Dehnung beschrieben wird (Ersatzmodell Feder).
- Einem viskosen Anteil (zeitabhängig irreversibel), der mithilfe eines Dämpfers beschrieben wird. Die Spannung stellt sich proportional zur Dämpfungsgeschwindigkeit multipliziert mit der Viskosität ein.
- Einem relaxierend oder viskoelastischen Anteil (zeitabhängig reversibel), der sich aus der Parallelschaltung von Dämpfer und Feder ergibt.
- Der viskoelastischen Verformung, die sich aus allen Bestandteilen zusammensetzt.

Elastische Verformung (Ersatzschaltbild Feder) tritt bei einer zügigen Belastung ein und setzt sich aus der Spannung σ und dem E-Modul E zusammen:

$$\epsilon = \frac{\sigma}{E} \qquad \text{(Gl. 2.29)}$$

Ferner wird die viskose Verformung (Ersatzschaltbild Dämpfer) durch die Höhe der Spannung σ, der Belastungszeit t, und der Viskosität η beschrieben:

$$\epsilon = \frac{t\,\sigma}{\eta} \qquad \text{(Gl. 2.30)}$$

Somit verhält sich die viskose Verformung proportional zur Belastungszeit. Die Viskosität wird dabei anhand von Kriechkurven bestimmt. Zusammenfassend wird mit der Feder die elastische Be- und Entlastung und mit dem Dämpfer die bleibende Dehnung beschrieben. Die Parallelschaltung aus Feder und Dämpfer ergibt ein Kriechen und Rückkriechen [Dom08].

Versuche von [StG98] zeigen eine Dehnung der Folie beim Einspritzen durch den Kontakt mit der Schmelze. Die Dehnung nimmt mit steigender Einspritzgeschwindigkeit ab und mit der Werkzeugwandtemperatur zu. Dabei ist der

Einfluss der Werkzeugwandtemperatur bei geringen Einspritzgeschwindigkeiten hoch und bei hohen Einspritzgeschwindigkeiten zu vernachlässigen.

2.4 Zusammenfassung und Defizite vom derzeitigen Stand der Technik

Die Erkenntnisse zu den Fehlerbildern beim Folienhinterspritzen lassen sich wie folgt zusammenfassen:

- Zur Beschreibung des Formteilverzuges passte [Wie03] das Erstarrungsmodell von [Sti73] an und konnte zeigen, dass der Verzug wesentlich vom Dickenverhältnis von Träger und Folie sowie den temperaturabhängigen Kontraktionen abhängt. Ferner kann der Verzug durch die Prozessparameter wie Schmelze- und Werkzeugwandtemperatur, Nachdruck und Einspritzdruck verändert werden. Dabei scheint die Werkzeugwandtemperatur eine wesentliche Stellgröße zu sein, da diese direkt das Temperaturprofil beeinflusst.
- Die Auswaschungen treten häufig im Angussbereich auf [LHC12, YCH06, Wie02] und nehmen mit der Scherbeanspruchung [LHC12] zu. Ferner wird festgestellt, dass steigende Foliendicken zu höheren Auswaschungen [YCH06] führen. Dieser Zusammenhang wird auf eine höheren Scherbeanspruchung infolge geringerer Wanddicken zurückgeführt, könnte jedoch auch auf eine höhere Grenzschichttemperatur zurückgeführt werden. Unklar ist auch die Wirkung der Schmelzetemperatur und der Einspritzgeschwindigkeit, da von unterschiedlichen Effekten berichtet wird. Ein direkter Vergleich der einzelnen Studien ist nicht möglich, da Angaben zum Dekormaterial häufig fehlen.
- Es gibt eine Vielzahl an Adhäsionstheorien, wobei der Diffusionstheorie die größte Relevanz beigemessen wird. Aus dem Mehrkomponentenspritzguss ist bekannt, dass die Verbundfestigkeit mit der Temperatur in der Grenzschicht ansteigt. Untersuchungen zum Folienhinterspritzen zeigen eine steigende Verbundfestigkeit mit der Foliendicke und der Einspritzgeschwindigkeit.

Der Stand der Technik zu den Effekten beim Spritzgießen und Folienhinterspritzen kann wie folgt zusammengefasst werden:

- Die Wandschubspannung hängt von der Formteildicke und der Schmelzeviskosität ab.
- Bereiche hoher Molekülorientierung deuten auf Bereiche hoher Wandschubspannung hin und resultieren aus niedrigen Schmelze- und Werkzeugwandtemperaturen sowie einer hohen Einspritzgeschwindigkeit.
- Hohe Temperaturen führen zu niedrigeren Schubspannungen und hohen Folientemperaturen.
- Die grundlegenden Zusammenhänge bei der Randschichtbildung sind bekannt, über den Prozess der Randschichtbildung sowie die Phasenübergänge liegen wenige Kenntnisse vor, da die messtechnische Erfassung derzeit kaum umsetzbar ist. Die in der Literatur angegebenen Randschichtdicken liegen in einem Bereich von 10 µm bis 50 µm. Hohe Randschichtdicken resultieren aus hohen Einspritzgeschwindigkeiten, niedrigen Werkzeugwandtemperaturen sowie hohen Wanddicken.
- Eine asymmetrische Schwindung gilt als Haupteinflussfaktor auf den Formteilverzug, wobei abkühlbedingte Schwindung den größten Anteil haben.
- Aufgrund der geringen Wärmeleitung durch die Folie bildet sich ein asymmetrisches Temperaturprofil. Ergebnisse zur Grenzschichttemperatur zwischen Folie und Träger und zur Folientemperatur liegen derzeit aufgrund der schwierigen messtechnischen Erfassung nicht vor. Ferner gibt es unterschiedliche Aussagen zu den Wärmeübergangskoeffizienten beim Folienhinterspritzen.

Daraus leiten sich folgende Defizite aus dem derzeitigen Stand der Technik ab:

- Eine theoretische Betrachtung der mechanischen und thermischen Effekte beim Folienhinterspritzen und ihrer Zusammenhänge sowie eine Überführung zu den Zielgrößen liegt nicht vor. Zudem wurde noch nicht versucht, die Fehlerbilder auf mechanische und thermische Effekte zurückzuführen.

- In Bezug auf Auswaschung blieb der Zusammenhang zwischen Folienerwärmung und Scherwirkung bislang unberücksichtigt, was die Frage aufwirft, ob die Auswaschungserscheinungen auf Schubspannungseffekte oder thermische Effekte zurückzuführen sind. Die unterschiedlichen Aussagen zur Wirkung der Temperaturen und Einspritzgeschwindigkeiten deuten auf einen solchen Zusammenhang hin. Zudem sind die Entstehungsmechanismen bzw. der Entstehungsverlauf der Auswaschungen unbekannt. Es ist ungeklärt, wann und unter welchen Bedingungen die Auswaschungen während der Formteilfüllung auftreten. Dies ist jedoch von großem Interesse, da sich aus diesen Zusammenhängen Gegenmaßnahmen zur Vermeidung ableiten lassen. Zusammenfassend liegt eine phänomenologische Beschreibung der Auswaschungserscheinung vor, die Entstehungsmechanismen sind unbekannt.

- Die Grundzusammenhänge in Hinblick auf den Formteilverzug sind bekannt. Unterschiedliche Aussagen ergeben sich hinsichtlich der Wirkung der Einspritzgeschwindigkeit, der Massetemperatur und des Nachdruckes.

- Es liegen keine Erkenntnisse zu den Orientierungen und Eigenspannungen in folienhinterspritzten Formteilen vor und deren Korrelation mit dem Formteilverzug.

- Es liegen wenige Erkenntnisse zur Verbundfestigkeit zwischen undekorierten Folie und Substrat und keine Erkenntnisse zur Verbundfestigkeit bedruckter Folien vor. Zudem ist unbekannt, inwiefern eine Beeinflussung der Verbundfestigkeit durch die Prozessparameter möglich ist.

- Es liegen keine Erkenntnisse zu denen in der Automobilindustrie eingesetzten Materialkombinationen hinsichtlich des Verzuges, der Verbundfestigkeit und der Auswaschungen vor.

- Im Sinne eines Prozessmodells kann auf Basis des derzeitigen Wissenstandes keine Empfehlung eines idealen Prozessfensters zur Vermeidung von Auswaschung und Verzug sowie der Maximierung der Verbundfestigkeit gegeben werden, da eine qualitative Aussage zur Wirkung einzelner Größen nicht möglich ist. Dabei ist der Einfluss einzelner Parameter auf eine Zielgröße bekannt. Die gegenseitige Abhängigkeit und Korrelation zwischen den Einfluss- und Zielgrößen sind weitestgehend unbekannt. Ferner erfolgte keine Rückführung der Phänomene auf die zugrundeliegenden thermischen und mechanischen Effekte.

Auch eine Patentrecherche im Bereich Folienhinterspritzen zu den aufgeführten Begriffen sowie eine Patentrecherche produzierender Unternehmen (NISSHA PRINTING CO., Kunststoff Helmbrechts AG, PolyIC GmbH & Co. KG, BÖ-LA Siebdrucktechnik GmbH, New Albea, Schuster Kunststofftechnik GmbH, LEONHARD KURZ Stiftung, Continental AG) liefern keine weiteren Erkenntnisse. Inhalt der Patente sind Werkzeugauslegung, Spritzprägen, Hinterspritzen von Sensorik und die Integration von Bedien- und Anzeigeelementen. Auch eine Suche nach Veröffentlichungen und Patenten der Autoren führt zu keinen Ergebnissen.

3 ZIELSETZUNG

Ziel der Arbeit ist die Erstellung eines Prozessmodells für das Hinterspritzen von Dekorfolien unter Berücksichtigung von Prozess-, Material- und Geometriegrößen. Dabei liegt die These zugrunde, dass die Formteilqualität auf die Wechselwirkung zwischen thermischen und mechanischen Randbedingungen zurückzuführen ist. Aufbauend auf der Erarbeitung von grundlegenden Erkenntnissen zum Zusammenhang zwischen Formteilqualität (Verzug, Auswaschung und Verbundfestigkeit) und den Haupteinflussfaktoren (Prozess, Material und Geometrie), sollen diese in ein qualitatives Prozessmodell überführt werden. Die Teilziele der Arbeit leiten sich aus den derzeitigen Defiziten des Standes der Technik ab und können wie folgt zusammengefasst werden:

- Ableiten einer Modellvorstellung zum Folienhinterspritzen aus einer systematischen Verfahrensanalyse und einer analytischen Betrachtung der thermischen und mechanischen Einflussfaktoren. Dabei werden die auftretenden Temperaturen in der Kunststofffolie und in der Grenzschicht zwischen Folie und Substrat sowie die Wandschubspannung zwischen Folie und Substrat mithilfe analytischer Methoden quantifiziert. Das Modell soll einen Zusammenhang zwischen mechanischen und thermischen Belastungen der Kunststofffolie herstellen.
- Untersuchung der Dekor- und Folienschädigung während des Einspritzvorganges sowie Ermittlung der Haupteinflussfaktoren durch systematische Untersuchungen und Ableitung einer Modellvorstellung zu den Entstehungsmechanismen.
- Untersuchung der Verbundfestigkeit unbedruckter Folien und Erarbeitung erster Erkenntnisse zur Verbundfestigkeit von dekorierten Folien. Dabei wird der Prozesseinfluss auf die Verbundfestigkeit bedruckter Folien untersucht. Zusätzlich sollen die Ergebnisse hinsichtlich einer möglichen Korrelation mit der Auswaschung geprüft werden.
- Validierung der bestehenden Modelle zum Verzug auf Basis der untersuchten Materialkombinationen. Zusätzlich wird erstmals die Orientierung im Formteil betrachtet und mit dem Verzug korreliert.

- Überführung bisheriger Erkenntnisse auf die in der Automobilindustrie eingesetzten Materialien.

Abbildung 3.1 fasst die Vorgehensweise sowie die Zielstellung der Arbeit zusammen. Zusammenfassend fehlen derzeit abgesicherte Prozessmodelle, daher knüpft die vorliegende Arbeit hier an.

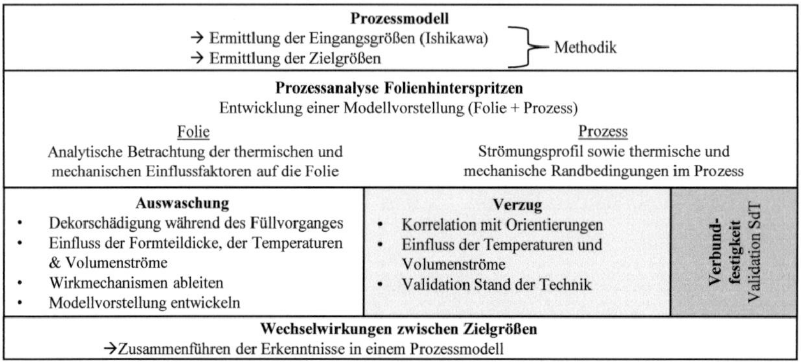

Abbildung 3.1: Zielstellung und Vorgehensweise der Arbeit

4 Methodisches Vorgehen und Versuchsaufbau

Anhand eines Ursache-Wirkungs-Diagramms des Folienhinterspritzens werden die Haupteinflussgrößen analysiert. Anschließend wird der gewählte Versuchsaufbau mit den eingesetzten Materialien, Werkzeugen und Maschinen vorgestellt. Darauf aufbauend werden im Abschnitt Versuchsdurchführung und Planung die Versuchspläne zur Analyse der Auswaschung, des Formteilverzuges und der Verbundfestigkeit erarbeitet. Abschließend werden die Analysemethoden zur Messung der Zielgrößen sowie die Randbedingungen der durchgeführten Spritzgießsimulation gezeigt.

4.1 Ermittlung der Haupteinflussfaktoren auf den IML-Prozess

Die Einflussgrößen auf den IML-Prozess können in Material-, Geometrie- und Prozesskenngrößen untergliedert werden. Abbildung 4.1 zeigt ein Ursache-Wirkungs-Diagramm, in dem die wesentlichen Einflussfaktoren dargestellt sind.

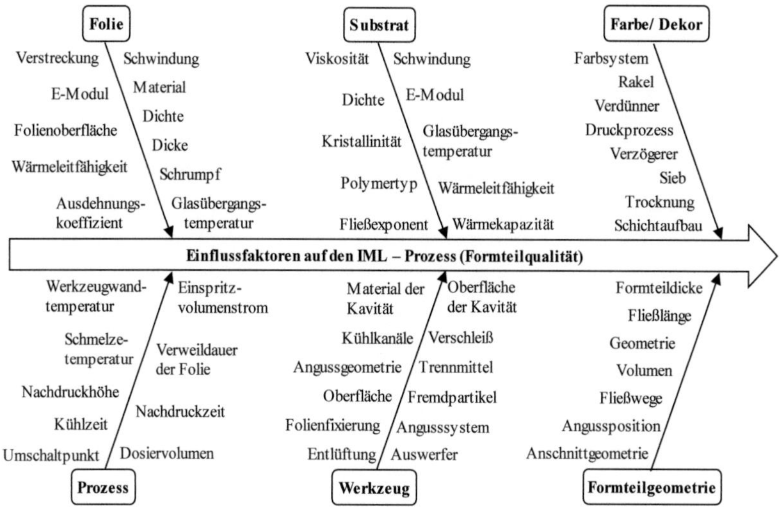

Abbildung 4.1: Ursache-Wirkungs-Diagramm zum Folienhinterspritzen

Oberhalb der Hauptachse sind die Materialkenngrößen der Folie, des Substrates und des Dekordruckes aufgetragen. Unterhalb der Hauptachse die Geometriedaten sowie die Werkzeug- und Prozessgrößen.

Die eingesetzten Folien können hinsichtlich des Materials unterschieden werden. Damit einher gehen die materialspezifischen Kenngrößen der Folie wie Dichte, Glasübergangstemperatur, E-Modul, Wärmeleitfähigkeit sowie thermischer Ausdehnungskoeffizient. Des Weiteren werden die Folien bei der Herstellung im Extrusionsverfahren gestreckt. Diese Verstreckung wird durch den Schrumpf beschrieben, der beim Erwärmen über die Glasübergangstemperatur eintritt. Wird das Folienmaterial als gegeben angenommen, unterscheiden sich die Folien hinsichtlich der Foliengeometrie und der Foliendicke.

Analog zu den Folien unterscheiden sich auch die eingesetzten Substrate im Material und den materialspezifischen Kenngrößen wie Dichte, Fließexponent, Kristallinität, Glasübergangstemperatur, E-Modul, Schwindung, Wärmeleitfähigkeit, Wärmekapazität sowie dem thermischen Ausdehnungskoeffizienten.

Im Prozess ist die wesentliche Materialeigenschaft die Viskosität, welche durch die Schergeschwindigkeit und die Schmelzetemperatur gesteuert wird.

Die Folien werden im Siebdruckverfahren bedruckt. Es können verschiedene Farbsysteme verwendet werden, die auf die jeweilige Anwendung und Materialkombination abgestimmt werden. Die Farbsysteme sind in unterschiedlichen Farbtönen erhältlich. Die für den Siebdruck gewünschte Farbviskosität wird durch die Zugabe von Verdünnern und Verzögerungspasten eingestellt. Die für den Siebdruckprozess notwendigen Siebe unterscheiden sich hinsichtlich der Siebspannung, des Siebmaterials, möglichen Siebbeschichtungen, der Gewebeart sowie der Feinheit des Gewebes. Im Siebdruckprozess kann die Geschwindigkeit, der Druck, der Winkel sowie die Härte der Rakel variieren.

Der Spritzgießzyklus wird in die Verfahrensschritte Plastifizieren, Einspritzen, Nachdrücken, Abkühlen und Entformen untergliedert. Die wesentlichen Stellgrößen und Einflussfaktoren beim Spritzgießprozess sind aus dem Stand der Technik bekannt. Diese sind die Werkzeugwand- und Schmelzetemperatur, der Einspritzvolumenstrom und der sich ergebende Einspritzdruck sowie die Nachdruckhöhe. Darüber hinaus müssen die Nachdruck- und Restkühlzeit, das Dosiervolumen sowie der Umschaltpunkt festgelegt werden, die nachfolgend als weitere Prozessgrößen bezeichnet werden. Der Umschaltpunkt sowie das Dosiervolumen ergeben sich aus dem Formteilvolumen und werden neben der Nachdruck- und Restkühlzeit durch Füllstudien beim Einrichten des Prozesses festgelegt. Zusätzlich ergibt sich beim Folienhinterspritzen eine Verweildauer der Folie im Spritzgießwerkzeug, die zu einer Temperaturänderung der Folie führt.

Die Formteilgeometrie leitet sich aus den Abmessungen des Formteiles ab. Wichtige Kenngrößen die aus der Formteilgeometrie resultieren, sind das Formteilvolumen, das die Einspritzzeit beeinflusst, sowie die Fließspalthöhe, die die Scherbelastung beeinflusst. Darüber hinaus hat die Geometrie des Angusses einen Einfluss auf die Scherung und Temperaturbelastung.

Weitere Einflüsse ergeben sich aus dem Aufbau der Spritzgießwerkzeuge. Die relative Position der Kühlbohrungen zur Kavität bestimmt die Temperaturführung im Werkzeug. Eine gleichmäßige Temperierung während des Spritzgießzyklus wird durch eine konturnahe Kühlung erzielt. Ferner wird die Wärmeleitung durch das Material sowie die Oberflächen beeinflusst. Weitere Einflüsse resultieren aus der Art der Folienfixierung in Form von Druckstellen. Spezielle Beschichtungen im Werkzeug können zudem die Folienhaftung durch den Reibungskoeffizienten beeinflussen. Verschleißerscheinungen, Trennmittelrückstände, Beschädigungen und Fremdpartikel am oder im Werkzeug führen ebenfalls zu einer Reduzierung der Formteilqualität. Eine fehlende Entlüftung im Werkzeug kann zu Verbrennungen durch den sogenannten Dieseleffekt führen, bei dem die Luft nicht entweichen kann und die Temperaturerhöhung infolge der Komprimierung zu Verbrennungen am Formteil führt.

Zusammenfassend ergeben sich die folgenden Haupteinflussfaktoren auf den IML – Prozess:

- Bei Betrachtung einer Materialkombination unterscheiden sich die Folien hinsichtlich der Foliendicke und Geometrie. Die wesentliche Stellgröße der Substratmaterialien ist die Viskosität, welche durch die Schergeschwindigkeit und die Schmelzetemperatur gesteuert wird.

- Prozesstechnisch gelten als wesentliche Einflussfaktoren aus dem Stand der Technik die Werkzeugwand- und Schmelzetemperatur, der Einspritzvolumenstrom und der sich ergebende Einspritzdruck sowie die Nachdruckhöhe. Der Einfluss der Nachdruck- und Kühlzeit kann vernachlässigt werden, da die Auswaschung während der Formteilfüllung auftritt. Ein Einfluss der Zeiten auf die Verbundfestigkeit ist aus dem Stand der Technik nicht bekannt und der Einfluss auf den Verzug ist im Vergleich zur Nachdruckhöhe gering.
- Hinsichtlich der Formteilgeometrie bestimmt die Fließkanalhöhe wesentlich die Schubspannung und hat einen Einfluss auf die Auswaschung. Darüber hinaus werden die Schwindung und somit der Verzug durch die geometrischen Verhältnisse beeinflusst. Ein Einfluss der Geometrie auf die Verbundfestigkeit ist nicht bekannt. Die Lage des Angusses hat einen Einfluss auf die Einspritzzeit und den Temperaturverlauf und somit auf die Formteilqualität. Eine Variation im Prozess ist jedoch nicht möglich, da dies ein fester Bestandteil des Werkzeuges ist.
- Die Werkzeugtechnik beeinflusst die Temperaturführung und somit die Kühlung. Mit der Zielstellung, wesentliche Einflussfaktoren zu identifizieren, kann dieser durch eine Variation der Kühlmitteltemperatur vernachlässigt werden. Die Angussgeometrie und Angussposition haben einen Einfluss auf die Schubspannung und Füllzeit, der bereits durch Variation der Prozessparameter untersucht wird.

4.2 Versuchsaufbau Folienhinterspritzen

4.2.1 Eingesetzte Substratmaterialien, Folien und Dekormaterialien

Die in der Arbeit betrachtete Technologie mit rückseitig dekorierten Folien wird überwiegend in der Automobilindustrie eingesetzt, da sich die erforderlichen Investitionskosten in Siebe und Clichees für den Siebdruck sowie die Kosten für Stanz-, Verform-, und Spritzgießwerkzeuge nur durch hohe Stückzahlen (> 250.000 Stück/ Jahr) rechtfertigen lassen. Rückseitig dekorierte Folien werden häufig im Bereich der Bedien- und Anzeigeelemente eingesetzt, da diese Technologie eine hohe Oberflächenqualität, vielfältige Dekorationsmöglichkeiten und eine Fertigung im großindustriellen Umfeld vereint.

Im europäischen Marktumfeld haben sich für Bedien- und Anzeigeelemente im automobilen Interieur aufgrund der guten Verformbarkeit, der optischen Eigenschaften und der Wärmeformbeständigkeit PC-Folien von Covestro (Makrofol-Folien) oder MacDermid (Autotype-Folien) etabliert, die sich hinsichtlich einer möglichen Hardcoatbeschichtung unterscheiden. In Zusammenarbeit mit Covestro hat die Firma Pröll geeignete Siebdruck-Farbsysteme entwickelt, die speziell für diese Anwendung abgestimmt wurden und bis heute als Standardsystem eingesetzt werden. Als Substratmaterial werden analog zu den Folien überwiegend PC-Materialien eingesetzt.

Substratmaterialien

Die in der Arbeit eingesetzten Substratmaterialien sind in Tabelle 2 gegenübergestellt.

Tabelle 2: Kennwerte der eingesetzten Substratmaterialien [Mak24, Mak22, Dap15, Bay65]

	Makrolon 2405	**Makrolon 2205**	**Daplen EE 158**	**Bayblend T 65 XF**
Materialtyp	Polycarbonat (PC)	Polycarbonat (PC)	Polypropylen (PP)	PC/ABS - Blend (PC/ABS)
Hersteller	Covestro	Covestro	Borealis	Covestro
Struktur	amorph	amorph	teilkristallin	amorph
Glasübergangstemperatur T_G [°C]	144	145	-10 bis 0	-
Schmelzetemperatur T_S [°C]	280 - 320	280 - 320	220 - 260	240 - 270
Wärmeleitfähigkeit λ [W/(mK)]	0,2	0,2	-	-
Dichte ρ [g/cm³]	1,2	1,2	0,9-1	1,13
Schmelzvolumenrate MVR [g/10 min]	20 (300°C/1,2 kg)	37 (300°C/1,2 kg)	11 (230 °C/ 2,2 kg)	18 (260 °C/ 5 kg)
Zugmodul E [MPa]	2400	2400	1750	2350
Spez. Wärmekapizität der Schmelze c [J/kgK]	2100	2100	-	-

Als Basismaterial dient ein Makrolon 2405 von Covestro, ein transparentes, universell einsetzbares und leicht entformbares Polycarbonat. Um den Einfluss der Viskosität auf den Formteilverzug näher zu betrachten, wird eine Versuchsreihe mit Makrolon 2205 durchgeführt, welches bei gleichen Materialeigenschaften ein besseres Fließverhalten aufweist.

Um die auf Basis von PC gewonnen Erkenntnisse zur Auswaschung hinsichtlich der Allgemeingültigkeit zu prüfen, wird eine Versuchsreihe mit PP durchgeführt. Das dafür eingesetzte Material Daplen EE 158 von Borealis wird dabei vom Folienlieferanten der PP Folien Sihl für diese Anwendung empfohlen. Um den Materialeinfluss auf die Verbundfestigkeit zu untersuchen, wird die PC-Folie zusätzlich mit einem Bayblend T65 XF, einem PC/ABS von Covestro, hinterspritzt.

Die für die Berechnung der Viskosität notwendigen Parameter nach Carreau sind in Tabelle 3 für das untersuchte PC Makrolon 2405 und in Tabelle 4 für das untersuchte PP Daplen EE 158 dargestellt. Die Werte werden aus den Fließkurven der Materialien abgelesen.

Tabelle 3: Ermittelte Carreau-Parameter für die Fließkurve von Makrolon 2405

	Makrolon 2405		
	280 °C	**300 °C**	**320 °C**
Nullviskosität A $[Pa \cdot s]$	507,92	257,04	143,16
Reziproke Übergangsgeschwindigkeit 1/B $[s^{-1}]$	1/1000	1/2000	1/3000
Steigung der Viskositätsfunktion C	0,76	0,74	0,75
Standardtemperatur T_{St} [°C]	195	195	195

Die Viskosität errechnet sich dann nach (Gl.2.7) unter Berücksichtigung der Carreau-Parameter und der entsprechenden Schergeschwindigkeit. Zur Berechnung des Fließexponenten wird (Gl. 2.10) herangezogen. Der Temperaturverschiebungsfaktor entfällt, da die Temperaturen der Viskositätsfunktion und der Versuche gleich sind.

Tabelle 4: Ermittelte Carreau-Parameter für die Fließkurve von Daplen EE 158

	Daplen EE 158		
	180 °C	**200 °C**	**220 °C**
Nullviskosität A $[Pa \cdot s]$	2000	1318	800
Reziproke Übergangsgeschwindigkeit 1/B $[s^{-1}]$	1/12,7	1/17	1/20
Steigung der Viskositätsfunktion C	0,67	0,67	0,67
Standardtemperatur T_{St} [°C]	10	10	10

Verwendete Folien und Dekormaterialien

Als Dekorfolie wird eine PC-Folie von Covestro mit der Bezeichnung Makrofol DE1-4 eingesetzt (s. Tabelle 5).

Tabelle 5: Eingesetzte Dekorfolien [Mak18, Pic14, Dom08]*

	Makrofol DE 1-4	**Makrofol DE 1-4**	**PicoFORM DC**
Materialtyp	Polycarbonat (PC)	Polycarbonat (PC)	Cast Polypropylen (CPP)
Hersteller	Covestro	Covestro	Sihl
Struktur	Amorph*	Amorph*	Teilkristallin*
Glasübergangstemperatur T_G [°C]	145 °C	145 °C	-
Dichte ρ [g/cm³]	1,2	1,2	0,9-1*
Schrumpf längs [%]	< 0,5 (1h, 130 °C)	< 0,5 (1h, 130 °C)	-
Schrumpf quer [%]	< 0,5 (1h, 130 °C)	< 0,5 (1h, 130 °C)	-
Linearer Ausdehnungskoeffizient $[10^{-6}/K]$	70	70	-
Dicke [µm]	250	375	250
Wärmedurchgangskoeffizient $[W/m^2K]$	818,7	604,2	-
Zugfestigkeit [MPa]	2200	2200	1100

Um den Einfluss der Foliendicke zu analysieren, werden 250 µm und 375 µm dicke Folien verwendet. Dabei werden überwiegend 250 µm dicke Folien eingesetzt, da diese den besten Kompromiss aus Verarbeitbarkeit, Handhabung und Preis darstellen. Foliendicken unter und über 250 µm weisen aufgrund der geringeren Marktvolumen längere Lieferzeiten und höhere Preise auf. Zudem ist die automatisierte Handhabung von Folien unter 250 µm nur schwer umsetzbar, da die Folienstabilität nicht ausreicht. Foliendicken von über 250 µm lassen sich auf vielen Siebdruck-Flachbettanlagen nur mit speziellem Niederhalten verarbeiten, was zu höheren Kosten führt.

Zusätzlich wird eine teilkristalline Folie der Firma Sihl verarbeitet, die der TU-Ilmenau für Forschungszwecke zur Verfügung gestellt wurde. Diese, speziell für automobile Anwendung entwickelte Folie, hat ebenfalls eine Dicke von 250 µm. Wie bereits angemerkt, wird PP aufgrund der teilkristallinen Struktur und der höheren Temperaturabhängigkeit zur Verallgemeinerung der Erkenntnisse bezüglich der Auswaschungen herangezogen.

Dekormaterialien

Für die Versuche auf Basis der PC-Folie wird das Farbsystem NORIPHAN® HTR N eingesetzt, welches sich durch eine gute Verformbarkeit, einer guten Haftung und einer hohen Temperaturbeständigkeit auszeichnet. Dieses Farbsystem wurde im Jahr 1996 als erstes Farbsystem für die rückseitige Bedruckung in der IML-Technik entwickelt und hat sich bis heute aufgrund des breiten Einsatzspektrums und der guten Verarbeitbarkeit ebenfalls als Standard für viele Anwendungen etabliert. Da das HTR N System auf Polycarbonat basiert und somit nicht auf PP haftet, werden die PP-Folien mit einem XWR-Farbsystem, einem Zweikomponenten-System, bedruckt.

Die Grundlage der Druckpasten des Farbsystems NORIPHAN® HTR N bildet ein Matrixpolymer aus Apec®, das in einem gelösten niederviskosen Zustand vorliegt und bei Raumtemperatur verarbeitet werden kann. Apec® ist ein lineares und amorphes Copolycarbonat mit einer Temperaturbeständigkeit bis zu 200 °C, einer hohen Schlagfestigkeit und sehr guten optischen Eigenschaften [Nor20]. Die genaue Zusammensetzung der Druckpasten ist nicht bekannt und ein Betriebsgeheimnis der Know-how-Träger. Dem Matrixpolymer werden die Farbpigmente beigemischt, wodurch die gewünschte Farbe eingestellt wird. Die Viskosität der Paste kann durch die Zugabe von Lösemitteln variiert und an den Siebdruckprozess angepasst werden. Nach dem Drucken haftet die Paste durch Adhäsionskräfte auf der Folie. Das Lösemittel der Paste führt zu einem Aufquellen der Folie und sorgt für ein Aufstellen der Polymerketten, sodass die Paste in die Folie diffundieren kann. Nach dem Druckvorgang wird die Folie bei ca. 90 °C getempert, wodurch die Lösemittel verdampfen und die Paste ihre Formstabilität erhält. Durch die Wärmezufuhr beim Hinterspritzen erfolgt ein weiteres Eindiffundieren der Paste in die Folie, wodurch die Verbundfestigkeit hergestellt wird. [Prö20]

Alle Folien werden analog zur Serienanwendung mit zwei Farbschichten vollflächig bedruckt. Für eine Versuchsreihe wird ein Druck mit Rastergrafik eingesetzt, der es ermöglicht, die Verschiebung einzelner Linien zu verfolgen, um Rückschlüsse auf die Schmelzeflussrichtung zu ziehen.

4.2.2 Spritzgießwerkzeuge und Probengeometrie

Für die Untersuchungen wird eine Rechteckgeometrie ausgewählt, da diese Geometrie eine eindeutige Vermessung der Auswaschung, der Verbundfestigkeit und des Verzuges mit einfachen Messmitteln zulässt. Ferner können zusätzliche Einflussfaktoren durch die Formteilgeometrie wie beispielsweise durch einen Verformungsprozess, der zu einer lokalen Dickenänderung der Folie führt und Spannungen in die Folie einbringt, ausgeschlossen werden. Zudem ermöglicht diese Geometrie eine einfache analytische Berechnung der Wandschubspannungen. Da viele Serienanwendungen eine Formteildicke von 1,5 mm bis 3 mm aufweisen, werden diese für die Versuche gewählt. Formteildicken unter 1,5 mm lassen sich aufgrund zu hoher Einspritzdrücke häufig nicht vollständig füllen und Formteildicken über 3 mm neigen zu Einfallstellen. Um den Einfluss der Formteildicke zu untersuchen, wird ein Werkzeugeinsatz mit variabler Wanddicke für ein bestehendes Mutterwerkzeug gebaut. Abbildung 4.2 zeigt das Werkzeug mit variabler Wanddicke.

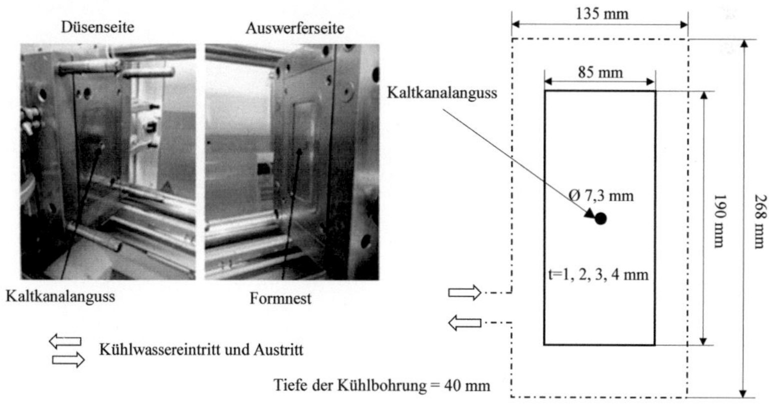

Abbildung 4.2: Werkzeug mit variabler Wanddicke und Kaltkanalanguss

Die rechteckige Grundfläche des Formteils hat eine Breite von 85 mm und eine Länge von 190 mm bei einem Eckenradius von 2 mm. Die Temperierung des Werkzeuges erfolgt über einen 40 mm in die Tiefe versetzten Kühlkreislauf im Mutterwerkzeug der mit einem Abstand von 25 mm in Längsrichtung und 40 mm quer zur Längsrichtung um die Plattengeometrie verläuft. Eine konturnahe und gleichmäßige Werkzeugtemperierung ist somit nicht möglich. Das Formteil wird zentral über einen konisch verlaufenden Stangenanguss mit einem Durchmesser an der Formteiloberfläche von 7,3 mm, einer Länge von 92,5 mm und einem Öffnungswinkel von 1 ° angespritzt. Die Formteildicken können zwischen 1,5 mm, 2,2 mm und 3,2 mm variabel gewählt werden. Abzüglich der Foliendicke von 250 µm verbleibt eine Formteildicke von 1,2 mm, 2 mm und 3 mm. Bedingt durch den großen Angusskanal ist eine genaue Prozessregelung nicht möglich, da die Masse bereits im Angusskanal abkühlt. Zudem erfordert der Stangenanguss einen höheren Materialeinsatz, eine längere Zykluszeit und eine nachträgliche Angussentfernung.

Um die Ergebnisse auf die Serie zu übertragen, wird das in Abbildung 4.3 dargestellte Werkzeug mit Nadelverschlussdüse, konturnaher Temperierung, polierten Oberflächen und einer Plattengeometrie mit einer Formteildicke von 2,2 mm eingesetzt.

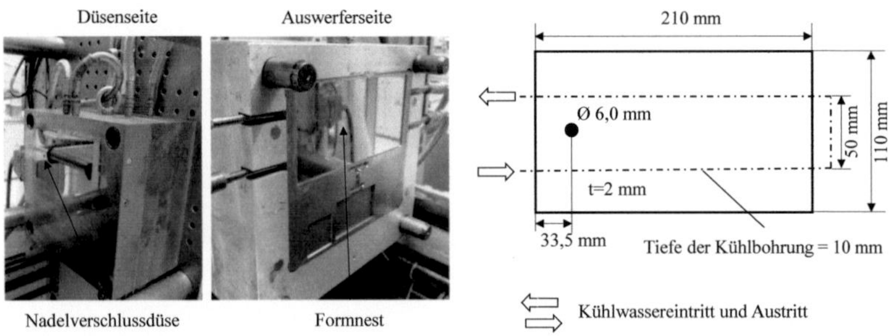

Abbildung 4.3: Seriennahes Plattenwerkzeug mit Nadelverschlussdüse

Die Rechteckgeometrie des seriennahen Plattenwerkzeuges hat eine Kantenlänge von 210 mm x 110 mm und wird über eine Heißkanaldüse mit Nadelverschluss und einem Angussdurchmesser von 6 mm angespritzt. Das Werkzeug verfügt über zwei getrennte Kühlkreisläufe in jeder Werkzeughälfte, die Kühlbohrungen verlaufen 10 mm unterhalb vom Formnest. Auf der Auswerferseite (Folienseite) verlaufen zwei Längsbohrungen mit einem Abstand von 30 mm zur Außenseite, die mit einem Schlauch verbunden sind. Auf der Düsenseite verläuft eine umlaufende Bohrung entlang der Außenkante. Zusätzlich befindet sich eine separate Kühlbohrung direkt unterhalb vom Anguss, um diesen Bereich separat zu kühlen, welche im Rahmen der Versuche jedoch verschlossen wird. Die Anordnung der einzelnen Kühlkanäle ist in Abbildung 4.14 dargestellt.

Neben der Wandschubspannung wird die Füllzeit durch die Wanddicke beeinflusst. Die Füllzeit fällt exponentiell mit dem Einspritzvolumenstrom und sinkt mit der Formteildicke (s. Abbildung 4.4).

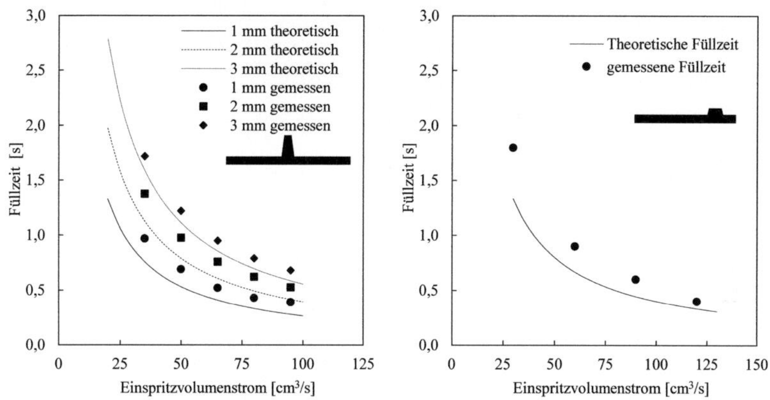

Abbildung 4.4: Füllzeit in Abhängigkeit der Wanddicke und des Einspritzvolumenstromes für Werkzeug mit variabler Wanddicke (links) und seriennahes Plattenwerkzeug (rechts)

4.2.3 Eingesetzte Spritzgießmaschinen und Peripherietechnik

Die Versuche mit dem Plattenwerkzeug mit variabler Wanddicke werden auf einer Spritzgießmaschine mit einer Schließkraft von 800 kN von KraussMaffei durchgeführt und die Versuche mit dem seriennahen Plattenwerkzeug auf einer Maschine von Arburg mit einer Schließkraft von 1000 kN (s. Tabelle 6).

Tabelle 6: Verwendete Spritzgießmaschine für Werkzeug mit variabler Wanddicke (links) und seriennahem Plattenwerkzeug (rechts)

	Plattenwerkzeug mit variabler Wanddicke	**Seriennahes Plattenwerkzeug**
Hersteller	KraussMaffei	Arburg
Typ	KM 80-380 CX	Allrounder 420 C
Schneckendurchmesser [mm]	35	35
Schließkraft [kN]	800	1000
Einspritzdruck [bar]	2430	2000
L/D-Schneke [-]	20	20

Das Einspritzaggregat beider Maschinen verfügt über eine Schnecke mit einem Durchmesser von 35 mm und einem Verhältnis von Länge zu Durchmesser von 20. Daraus ergibt sich ein maximaler Einspritzdruck von 2.430 bar beim Plattenwerkzeug mit variabler Wanddicke und von 2.000 bar beim seriennahen Plattenwerkzeug.

Der Aufbau beider Maschinen ist in Abbildung 4.5 dargestellt.

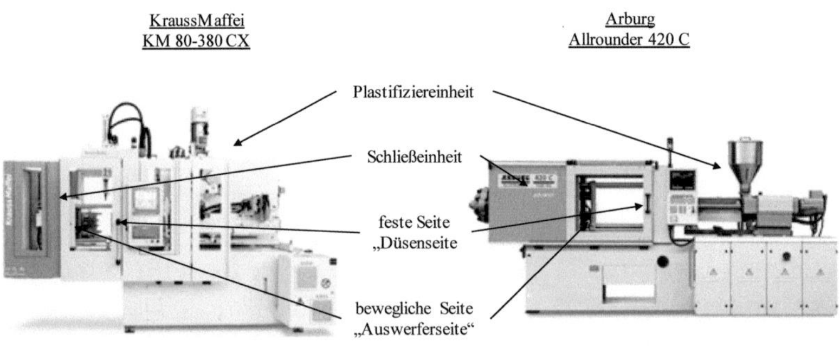

Abbildung 4.5: Aufbau der verwendete Spritzgießmaschine für Werkzeug mit variabler Wanddicke (links) und seriennahem Plattenwerkzeug (rechts)

In der Plastifiziereinheit wird das Granulat über einen Befülltrichter der Schnecke zugeführt. In der Schnecke wird das Granulat aufgeschmolzen und zur Düse gefördert. Über die Düse wird die Schmelze in das Angusssystem des Werkzeuges eingespritzt. Das Spritzgießwerkzeug wird auf den Aufspannplatten der festen und beweglichen Seite montiert. Das Öffnen und Schließen des Werkzeuges erfolgt über die bewegliche Seite der Maschine durch eine hydraulische Schließeinheit.

4.3 Versuchsdurchführung und Planung

Im Folgenden werden die einzelnen Versuchspläne mit den wesentlichen Parametern vorgestellt. Um den Einfluss der Prozessparameter zu ermitteln, wird ein möglichst breites Spektrum an Parametervariationen gewählt. Die maximale und minimale Massetemperatur wird auf Basis der Verarbeitungsempfehlungen der Materialhersteller gewählt. Die Temperierung der Werkzeuge erfolgt mit kompakten Temperiergeräten mit einem offenen Kühlsystem und dem Kühlmedium Wasser, mit einer Maximaltemperatur von 90 °C. Alle Materialien werden vor der Verarbeitung entsprechend den Herstellerangaben getrocknet. Die Wahl der Nachdruckhöhe sowie der Nachdruck- und Restkühlzeit erfolgt in Abhängigkeit der weiteren Prozessparameter beim Einrichten der Maschine.

Im Rahmen der Versuchsdurchführung werden die Kunststofffolien manuell ins Werkzeug eingelegt und mit beidseitigem Klebeband mit den Abmessungen von 20 mm x 10 mm im Werkzeug fixiert. Zur statistischen Auswertung werden je Versuchsreihe mindestens vier Proben hergestellt. Die folgenden Versuchspläne untergliedern sich in Untersuchungen der Dekor- und Folienschädigung in Angussnähe, der Verbundfestigkeit und des Formteilverzuges.

4.3.1 Untersuchung der Dekor- und Folienschädigung

Füllstudie zur Untersuchung der Dekor- und Folienschädigung während der Formteilfüllung

Die Entstehung und die Ausbildung der Auswaschung während des Füllvorgangs wird mit den in Tabelle 7 gezeigten Füllstudien untersucht. Zunächst erfolgt die Betrachtung der maximalen Wandschubspannung, bei einer Formteildicke von 1,5 mm und der Massetemperatur von 280 °C. Die Formteilfüllung wird durch Variation des Umschaltpunktes nach 5 %, 10 %, 20 %, 40 %, 60 %, 80 %, 100 % nachdruckfrei variiert. Ferner wird der

Prozesseinflusses durch Variation der Massetemperatur T_S , der Werkzeugwandtemperatur T_W und des Einspritzvolumenstromes $\dot{V}$ mithilfe des seriennahen Versuchswerkzeuges auf Basis einer Plattendicke von 2 mm untersucht.

Tabelle 7: Versuchsplan zu Untersuchung der Dekor- und Folienschädigung während der Formteilfüllung

Material	t [mm]	T_S [°C]	T_W [°C]	$\dot{V}$ [cm³/s]	p_N [bar]	Füllgrad [%]
PC	1	280	40 / 80	30	0	0 … 100
PC	2	320/280	30 / 90	60	0	0 … 100
PC	2	320	60	120/60	0	0 … 100

Thermischer Einfluss auf die Dekor- und Folienschädigung

Der thermische Einfluss auf die Dekor- und Folienschädigung wird durch manipulierte Wärmeströme am seriennahen Plattenwerkzeug ermittelt. Hierzu werden bis zu vier Lagen 50 µm dicken Tapes aus Polypropylen auf der Dekorfolie zwischen Folie und Werkzeugwand im Angussbereich appliziert. Der Spritzgießzyklus wird durch den Umschaltpunkt nach 30 %, 60 % und 80 % Formteilfüllung nachdruckfrei abgebrochen. Zusätzlich wird nach einer Formteilfüllung von 80 % auf Nachdruck geschaltet. Während der Nachdruckphase wird Kunststoff mit 40 % vom Einspritzdruck und somit unter reduzierter Wandschubspannung eingespritzt. Die Einspritzzeit beträgt bei einer vollständigen Formteilfüllung ca. 0,9 s, während die Nachdruckphase ca. 1,65 s dauert.

Der Einfluss der Wärmeleitung wird anhand der unterschiedlichen Auswaschungsbilder in Abhängigkeit der Tapelagen ermittelt. Zusätzlich wird durch das frühzeitige Umschalten auf Nachdruck der Fall einer hohen Temperaturbelastung, durch die lange Wärmeleitung, und einer niedrigen Wandschubspannung, durch den reduzierten Druck während der Nachdruckphase, erreicht.

Einfluss der Wandschubspannung und Füllzeit auf die Auswaschung

Zunächst wird der Einfluss der Wandschubspannung durch Variation der Wanddicke mithilfe des Werkzeuges mit variabler Wanddicke bei varianten

Schmelzetemperaturen, Werkzeugwandtemperaturen sowie Einspritzgeschwindigkeiten bzw. Einspritzvolumenströmen untersucht (s. Tabelle 8). Anhand der überschlägig ermittelten Wandschubspannung wird deutlich, dass ein großer Bereich der Wandschubspannungen zwischen 0,02 bis 1,24 MPa in die Betrachtung einfließt. Die Wandschubspannungen werden auf Grundlage der in Abschnitt 2.3.1 gezeigten Zusammenhänge berechnet.

Tabelle 8: Versuchsplan zur Untersuchung der Auswaschung am Werkzeug mit variabler Wanddicke auf Basis PC 2405 mit Makrofol

t [mm]	t_{Folie} [µm]	T_S [°C]	T_W [°C]	$\dot{V}$ [cm³/s]	p_N [bar]	t_N [s]	t_K [s]	Wandschubspannung geschätzt [MPa]
1	250	280 / 320	30 / 80	35/ 50/ 65/ 80/ 95	600	10	15	0,30 – 1,24
2	250	280 / 320	30 / 80	35/ 50/ 65/ 80/ 95	400	10	15	0,08 – 0,50
3	250	280 / 320	30 / 80	35/ 50/ 65/ 80/ 95	300	10	15	0,04 – 0,27
4	250	280 / 320	40	25 / 75	200	10	15	0,02 – 0,16

Zusätzlich wird der Einfluss der Prozessparameter am seriennahen Plattenwerkzeug mit Nadelverschlussdüse untersucht (s. Tabelle 9). Neben der Massetemperatur, der Werkzeugwandtemperatur und des Einspritzvolumenstromes wird die Foliendicke zwischen 250 µm und 375 µm variiert.

Tabelle 9: Versuchsplan zur Untersuchung der Auswaschung auf Basis des seriennahen Versuchswerkzeuges

t_{Folie} [µm]	T_S [°C]	T_W [°C]	$\dot{V}$ [cm³/s]	p_N [bar]	t_N [s]	t_K [s]
250/375	280/ 300/ 320	60	30/ 60/ 90/ 120	650	1,65	22
250/375	300	30/ 60/ 90	60	650	1,65	22
250	280	30/ 60/ 90	60	650	1,65	22

Dekor und Folienschädigung bei PP-Verbunden und Vergleich mit PC

Zur Verallgemeinerung der Erkenntnisse werden die Versuche zur Entstehung der Auswaschung sowie zum Einfluss der Prozessparameter mit dem Material PP wiederholt. Tabelle 10 zeigt den Versuchsplan zur Analyse der Entstehung der Auswaschung und Tabelle 11 den Versuchsplan zur Untersuchung des Einflusses der Prozessparameter unter varianten Wanddicken.

Tabelle 10: Versuchsplan zur Untersuchung der Dekor- und Folienschädigung während der Formteilfüllung anhand des Werkzeugs mit variabler Wanddicke mit PP

Material	t [mm]	T_S [°C]	T_W [°C]	$\dot{V}$ [cm³/s]	p_N [bar]	Füllgrad [%]
PP	1	180	20 / 40	30	0	0 ...100

Tabelle 11: Versuchsplan zur Untersuchung der Auswaschung auf Basis des Werkzeugs mit variabler Wanddicke auf Basis PP

t [mm]	t_{Folie} [µm]	T_S [°C]	T_W [°C]	$\dot{V}$ [cm³/s]	p_N [bar]	t_N [s]	t_K [s]
2	250	180/ 200/ 220	40	25 / 75	200	10	15
3	250	180/ 200/ 220	40	25 / 75	125	10	15
4	250	180/ 200/ 220	40	25 / 75	100	10	15

4.3.2 Untersuchung der Verbundfestigkeit

Zunächst werden die Haupteinflussfaktoren auf die Verbundfestigkeit von 250 µm und 375 µm dicken unbedruckten PC-Folien mithilfe eines vollfaktoriellen Versuchsplans untersucht (s. Tabelle 12). Neben der Schmelze-, Werkzeugwandtemperatur und dem Nachdruck werden zwei unterschiedliche Substratmaterialien (PC und PC/ABS) eingesetzt.

Tabelle 12: Vollfaktorieller Versuchsplan zur Ermittlung der Haupteinflussparameter auf die Verbundfestigkeit anhand des Werkzeuges mit variabler Wanddicke

T_S [°C]	T_W [°C]	p_N [bar]	t_{folie} [µm]	Substrat	$\dot{V}$ [cm³/s]	t_N [s]	t_K [s]	t [mm]
270/ 310	40/ 80	300/ 750	250/ 375	PC/ PC-ABS	20	5	15	3
290	60	525	250/ 375	PC/ PC-ABS	20	5	15	3

Die Betrachtung der Verbundhaftung von dekorierten Folien unter Berücksichtigung der Wanddicke, der Schmelze- und Werkzeugwandtemperatur erfolgt auf Basis des Versuchsplans aus Tabelle 8 bei einem konstanten Einspritzvolumenstrom von 65 cm³/s. Ferner werden der Einfluss des Einspritzvolumenstromes sowie der Schmelz- und Werkzeugwandtemperatur mithilfe des seriennahen Plattenwerkzeugs mit Nadelverschlussdüse betrachtet (s. Tabelle 13).

Tabelle 13: Einfluss des Einspritzvolumenstromes, der Werkzeugwand- und der Schmelzetemperatur auf die Verbundfestigkeit anhand des seriennahen Plattenwerkzeuges

t_{Folie} [µm]	T_S [°C]	T_W [°C]	$\dot{V}$ [cm³/s]	p_N [bar]	t_N [s]	t_K [s]
250	280/ 300/ 320	60	60	650	1,65	22
250	300	30/ 60/ 90	60	650	1,65	22
250	300	60	30/ 60/ 90/ 120	650	1,65	22

4.3.3 Untersuchung zum Formteilverzug

Die Untersuchung des Formteilverzuges erfolgt am seriennahen Plattenwerkzeug mit Nadelverschlussdüse unter Verwendung des Versuchsplans zur Untersuchung der Auswaschung sowie der Verbundfestigkeit (s. Tabelle 9). Neben dem Formteilverzug werden die Orientierung der Formteile sowie der Einfluss einer nachträglichen Wärmelagerung analog zu Tabelle 14 analysiert. Dabei kommen transparente Folien ohne Dekor zum Einsatz, da die Orientierung nur an transparenten Formteilen gemessen werden kann. Durch eine nachträgliche Wärmelagerung wird der Einfluss der eingefrorenen Spannungen auf den Verzug, durch die Verzugsmessung vor und nach der Lagerung, ermittelt. Zusätzlich wird der Einfluss des Nachdrucks auf den Formteilverzug durch eine Erhöhung des Nachdrucks von 300 bar auf 1.200 bar ermittelt.

Tabelle 14: Versuchsplan zur Analyse der Orientierungen und des Formteilverzuges auf Basis des Plattenwerkzeuges mit Nadelverschlussdüse

t_{Folie} [µm]	T_S [°C]	T_W [°C]	$\dot{V}$ [cm³/s]	p_N [bar]	Orientierung	Verzug	Wärmelagerung
250/ 375/ ohne	280/ 300/ 320	60	60	650	X	X	X
250/ 375/ ohne	300	30/ 60/ 90	60	650	X	X	X
250/ 375/ ohne	300	60	30/ 60/ 90/ 120	650	X	X	X
250/ 375/ ohne	300	60	60	300/ 600/ 900/ 1200	X	X	
250	320	30/ 60/ 90	30/ 120	650		X	

Aus dem Stand der Technik ist bekannt, dass die Werkzeugwandtemperatur einen wesentlichen Einfluss auf den Formteilverzug hat. Aus diesem Grund werden die Auswerferseite und die Düsenseite mit einer Temperaturdifferenz von 30 K zwischen 30 °C und 90 °C bei einer Massetemperatur von 300 °C, einem Einspritzvolumenstrom von 60 cm³/s und einem Nachdruck von 650 bar temperiert (s. Tabelle 15).

Tabelle 15: Einfluss verschieden temperierter Werkzeugseiten auf den Verzug

T_{DS} [°C]	30	60	30	60	90	90	60
T_{AS} [°C]	30	30	60	60	60	90	90

4.4 Analysemethoden

4.4.1 Messung der Verbundfestigkeit

Die Verbundfestigkeit wird mittels Rollenschälversuch nach DIN EN 1464 [DIN10] auf einer Universalprüfmaschine von Hegewald und Peschke vom Typ inspekt 20-1 Table durchgeführt. Abbildung 4.6 zeigt die Probenvorbereitung sowie die Aufnahme für die Zugprüfmaschine.

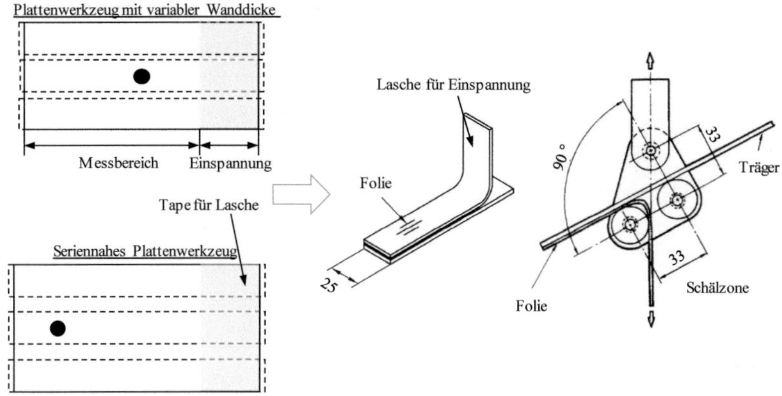

Abbildung 4.6: Probenvorbereitung und Versuchsaufbau für Rollenschälversuch [DIN10]

Die Prüfungen werden an einem 25 mm breiten Probekörper mit einer Schälstrecke von mindestens 115 mm vorgenommen. Die Probekörper verfügen über eine zusätzliche Lasche zum Einspannen in die Zugprüfmaschine.

Zur Messung der Verbundfestigkeit wird der Träger auf zwei Rollen aufgelegt. Die Folie wird um die erste Rolle geführt und eingespannt (s. Abbildung 4.6 rechts). Im Bereich der Einspannung muss die Folie vom Träger abgelöst werden. Hierzu werden die Folien vor dem Spritzgießen mit Klebetape aus Polypropylen präpariert. Da Polycarbonat nicht auf Polypropylen haftet, bleibt im abgeklebten Bereich eine Lasche für die spätere Einspannung erhalten. Die Schälfestigkeit ist definiert als die mittlere Kraft über einen linienartigen Querschnitt, die zum Lösen der Dekorfolie notwendig ist [Wie03].

Zur Probenherstellung wird auf die Folien ein ca. 40 mm breites Tape aus Polypropylen vor dem Hinterspritzen aufgebracht. Anschließend werden 3 Probekörper mit einer Breite von 25 mm aus der Platte nach dem Hinterspritzen entnommen. Dabei werden je zwei Probekörper aus dem Randbereich und ein Probekörper aus der Plattenmitte entnommen. Je Versuchsreihe werden mindestens fünf Proben vermessen. Der Angussbereich wird dabei separat ausgewertet, da im Bereich der Auswaschung kein Dekor vorliegt und die

Verbundfestigkeit somit variiert. Die Traversengeschwindigkeit wird entsprechend der Norm mit 100 ± 5 mm/min gewählt. Die ersten 25 mm des Messbereiches bleiben unberücksichtigt, da sich hier die Prüfkraft aufbaut.

Eine Messkurve der Schälkraft in Abhängigkeit des Traversenweges ist für Probekörper aus dem Plattenwerkzeug mit variabler Wanddicke in Abbildung 5.41 und für Probekörper aus dem seriennahen Werkzeug in Abbildung 5.45 gezeigt. Eine konstante Schälkraft wird je nach Einspannung ab einem Traversenweg von 25 mm bis 40 mm erreicht. Ferner ist ein deutlicher Anstieg in den ausgewaschenen Bereichen erkennbar, da hier ein Stoffschluss zwischen Folie und Träger vorliegt.

4.4.2 Messung der Auswaschung

Bei rechteckigen Formteilen bilden sich die Auswaschungen im Angussbereich, ein Bereich hoher thermischer und mechanischer Belastungen. In Abhängigkeit der Fließrichtung des Kunststoffes, bilden sich die Auswaschungen radial um den Anguss oder asymmetrisch in Hauptfließrichtung der Schmelze. In der vorliegenden Arbeit werden alle Auswaschungen mithilfe eines Digitalmikroskops von Keyence vermessen und fotografiert. Zur Quantifizierung der Auswaschungen werden geometrische Größen festgelegt, die einen reproduzierbaren Vergleich der Messreihen zulassen. Abbildung 4.7 zeigt die Messgrößen zur Analyse der Auswaschungen auf Basis des seriennahen Plattenwerkzeuges.

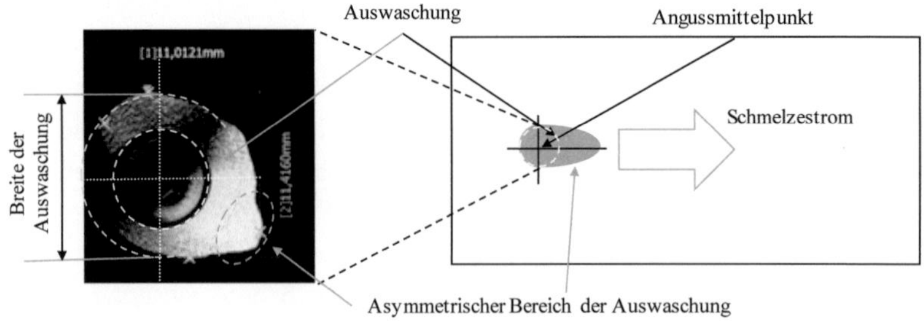

Abbildung 4.7: Messgrößen zur Analyse der Auswaschungen am seriennahen Plattenwerkzeug

Aufgrund der dezentralen Lage des Angusses bilden sich asymmetrische Bereiche der Auswaschung in Längsrichtung. Auf Basis der Standardabweichung der einzelnen Messreihen wird deutlich, dass die Breite der Auswaschung als reproduzierbares Maß herangezogen werden kann und sich in Längsrichtung gerade bei hohen Einspritzgeschwindigkeiten große Asymmetrien ausbilden. Durch eine Teilung des Schmelzestromes in der Nadelverschlussdüse kann es zu lokalen Strömungsdifferenzen kommen, die sich direkt als Auswaschung auf dem Formteil abzeichnen.

Abbildung 4.8 zeigt die Messgrößen der Auswaschung auf Basis des Werkzeuges mit variabler Wanddicke. Grundsätzlich wird der Außendurchmesser zur Quantifizierung der Auswaschung herangezogen.

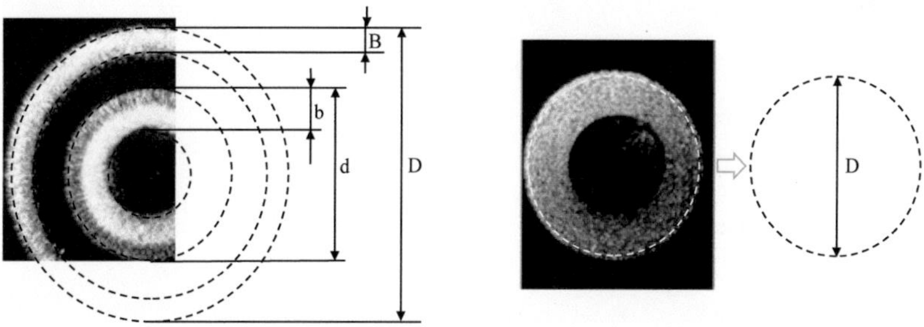

Abbildung 4.8: Messgrößen zur Analyse der Auswaschungen am Plattenwerkzeug mit variabler Wanddicke für Füllstudie (links) und zum Vergleich einzelner Messreihen (rechts)

Aufgrund der Ausbildung von zwei ausgewaschenen Bereichen im Rahmen der Füllstudie werden neben dem Außendurchmesser D sowie der Breite der Auswaschung B, der Durchmesser d der inneren Auswaschung mit der entsprechenden Breite b herangezogen. Da die Übergänge zwischen ausgewaschenen und nicht ausgewaschenen Bereichen jedoch fließend sind, werden die inneren Bereiche der Auswaschung nur qualitativ ausgewertet.

4.4.3 Messung des Formteilverzugs

Der Formteilverzug der rechteckigen Probekörper beschreibt die Durchbiegung der Platten in Längsrichtung und quer zur Längsrichtung. Die Messung des Verzuges kann optisch oder taktil erfolgen. Aufgrund des Versuchsumfanges muss das Messverfahren eine schnelle und reproduzierbare Messung zur Quantifizierung des Verzuges gewährleisten. Für diesen Zweck wurde die in Abbildung 4.9 dargestellte Messvorrichtung gebaut. Diese besteht aus einem massiven Grundgestell aus Gusseisen mit einer Rasterplatte und einer Halterung für eine Messuhr. Auf die Rasterplatte werden vier Elemente als Auflager zur Positionierung der Eckbereiche der Platte aufgebracht. Zwei Auflager dienen als Anschlag zur Positionierung in der x-y-Ebene, zwei weitere Auflager verhindern ein Verschieben in y-Richtung.

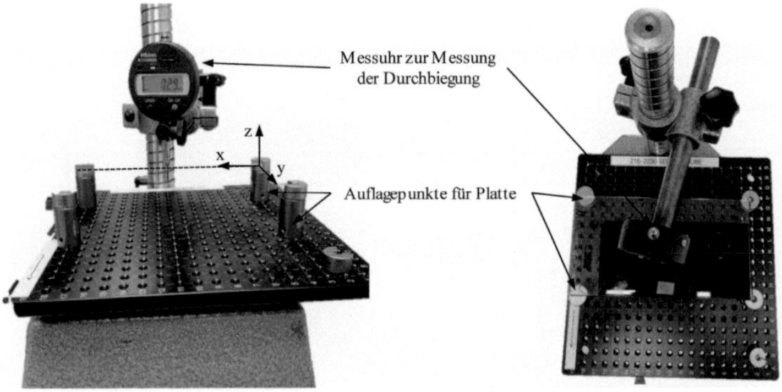

Abbildung 4.9: Versuchsaufbau zur Verzugsmessung

Die Messuhr wird mittig über dem Probekörper fixiert, der Nullpunkt befindet sich auf der Ebene der Auflagefläche der Platten im Koordinatenursprung. Der Anguss wird in Richtung Rasterplatte und der Eckelemente ausgerichtet. Anschließend wird die Spitze der Messuhr auf der Formteiloberfläche positioniert. Dabei kommt es zu einer Durchbiegung des Formteils durch die Auflagekraft der Messuhr. Diese Durchbiegung ist unabhängig von der Messreihe und beträgt 0,5 mm. Zur Berechnung des Verzuges werden die Durchbiegung und die Plattendicke vom Messwert subtrahiert.

Zusätzlich wird die Ebenheit ausgewählter Probekörper mit der 3D-Koordinatenmessmaschine Contura G2 von Zeiss vermessen. Hierzu werden die Probekörper mit der in Abbildung 4.10 dargestellten Messaufnahme auf der Messmaschine positioniert.

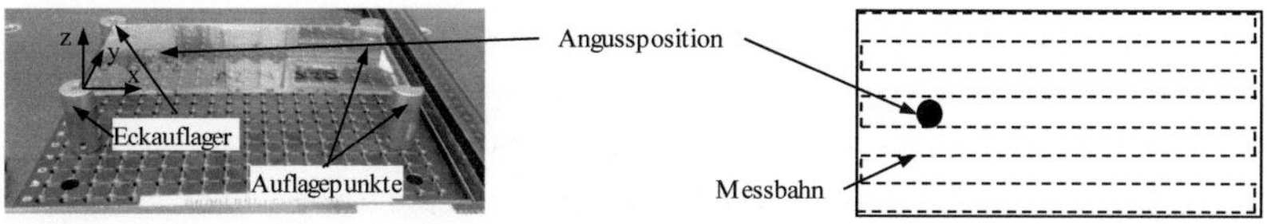

Abbildung 4.10: Messaufnahme und Messbahnen für Vermessung auf der Koordinatenmessmaschine

Anschließend wird die Formteiloberfläche mit einem Taster mit Kugelgeometrie entlang der dargestellten Kurve vermessen. Mithilfe der Universal-Messsoftware für Regelgeometrien ZEISS CALYPSO wird eine 3D-Geometrie des Verzuges abgeleitet, die eine Auflösung in Längsrichtung und quer zur Längsrichtung ermöglicht. Ein Abgleich mit den Ergebnissen auf Basis des Versuchsaufbaus mit Messuhr zeigt eine gute Übereinstimmung der gemessenen Werte.

4.4.4 Messung der Orientierung

Verarbeitungsbedingte innere Spannungszustände transparenter Formteile können mithilfe polarisationsoptischer Untersuchungen sichtbar gemacht werden. Durch polarisiertes lineares Durchlicht werden farbige Isochromaten und schwarze Isoklinen sichtbar. Mithilfe der Isoklinen kann eine Aussage über die Vorzugsrichtung bzw. Hauptorientierungsrichtung der Moleküle und über die Isochromaten kann eine Aussage über die Anisotropieverhältnisse innerhalb des Formteils getroffen werden. Mit steigender Anisotropie werden durch Interferenzen auf dem weißen Licht definierte Wellenlängen ausgelöscht, der Restlichtanteil wird farbig. Enge Isochromatenscharen deuten dabei auf starke Orientierungsgradienten hin. Eine Unterscheidung zwischen Eigenspannungen und Orientierungen kann nur durch Tempern erfolgen, wobei nach dem Tempern nur Eigenspannungen sichtbar sind. Abbildung 4.11 zeigt exemplarisch Isoklinen und Isochromaten einer hinterspritzten Folie ohne Dekor.

Abbildung 4.11: Isoklinen und Isochromaten im Angussbereich folienhinterspritzter Formteile

Die Orientierungen werden mithilfe eines Polariskops von MB engineering gemessen, mit einer Prüffläche von 200 mm x 200 mm und einer lichten Höhe zwischen Polarisator und Analysator von 200 mm. Als Lichtquelle ist eine LED mit einer Leistung von 4 Watt unterhalb einer Polarisatorplatte aus Glas verbaut. Da die Messungen nur auf Basis transparenter Musterteile durchführbar sind, werden unbedruckte Kunststofffolien verarbeitet und nach einer Lagerdauer von über 72 Stunden geprüft.

Die Funktionsweise des eingesetzten Polariskops ist in Abbildung 4.12 dargestellt. Die Formteile werden auf die Prüffläche zwischen der Polarisatorplatte und der Analysatorplatte positioniert. Durch Einschalten der Lichtquelle werden Spannungen im Formteil sichtbar. Diese Spannungen werden mithilfe einer Kamera, die sich auf einem Stativ direkt oberhalb des Analysators befindet, dokumentiert.

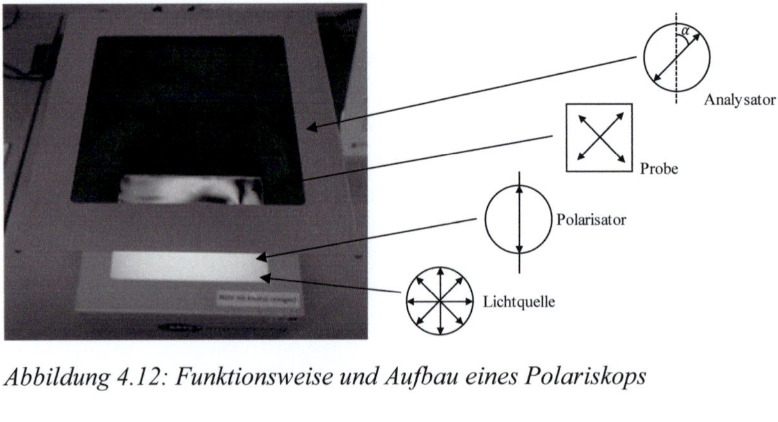

Abbildung 4.12: Funktionsweise und Aufbau eines Polariskops

4.4.5 Dynamisch-mechanische Analyse (DMA)

Die dynamisch-mechanische Analyse (DMA) ist ein Verfahren zur Bestimmung der viskoelastischen Eigenschaften, das häufig für polymere Werkstoffe eingesetzt wird. Dabei wird die Probe in Abhängigkeit der Temperatur mit einer sinusförmigen Kraft beansprucht, die eine sinusförmige Dehnung der Probe zur Folge hat. Tritt ein viskoelastisches Materialverhalten auf, kommt es zur Phasenverschiebung zwischen den Kurven der sinusförmigen Kraft und der sinusförmigen Dehnung. Dabei können die Proben mit unterschiedlichen Kraftfällen wie beispielsweise Zug, Scherung, Kompression, Penetration und Biegung belastet werden. Neben der Glasübergangstemperatur können mittels der DMA-Analyse Daten zur Alterung und zum Steifigkeits- und Dämpfungsverhalten ermittelt werden.

In der vorliegenden Arbeit wird die DMA-Analyse zur Charakterisierung und einem Vergleich der eingesetzten Kunststofffolien genutzt. Die Versuche werden an einem dynamisch-mechanischen Analysator vom Typ DMA 242 von NETZSCH durchgeführt. Hierzu werden der Folie Proben mit den Abmessungen von 12 mm x 4,5 mm aus beiden Hauptachsen entnommen. Die Proben werden im Deformationsmodus „Zug“ mit einer Frequenz von 10 Hz und einer Kraft von 7 N bis zu einer Temperatur von 220 °C in Umgebungsatmosphäre belastet. Dabei beträgt die Steigerungsrate der Temperatur 25 K / 5 min.

4.4.6 Plastographie und Mikroskopie

Der Verlauf und die Foliendeformation im Auswaschungsbereich werden anhand von Schliffbildern im Bereich der Auswaschung ermittelt. Hierzu werden fünf Proben aus jeweils fünf Formteilen entnommen und in Epoxidharz eingebettet. Anschließend wird die Querschnittsfläche der eingebetteten Probe geschliffen und mit einer Körnung von 5 µm poliert. Die Proben werden anschließend mit dem Hochpräzisions-Stereomikroskop Carl Zeiss Stemi 2000 und der Kamera Zeiss AxioCam ICc 1 fotografiert und mithilfe der Software AxioVision Rel. 4.8 der Carl Zeiss AG vermessen. Abbildung 4.13 zeigt noch einmal die Entnahmeposition der Proben und eine exemplarische Aufnahme eines Schliffbildes.

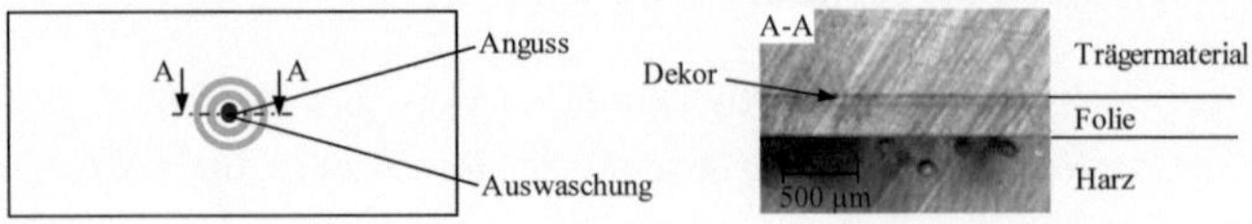

Abbildung 4.13: Entnahmeposition der Proben für Schliffbilder (links) und Beispiel einer geschliffenen Probe (rechts)

Im Schliffbild sind die Bereiche des Harzes, der Trägerfolie, des Dekormateriales und des Trägermaterials zu erkennen. Eine Vermessung der Foliendicke lässt einen Rückschluss auf eine mögliche Foliendeformation zu. Ferner kann anhand der Schliffbilder der Weg des abgetragenen Dekors nachvollzogen werden.

Alle weiteren Aufnahmen und Vermessungen der Auswaschungen erfolgen mit dem optischen Koordinatenmessgerät LM-1000 von KEYENCE. Zusätzlich werden die ausgewaschenen Bereiche sowie die Trennebenen der Verbundfestigkeitsprüfung mit dem Digitalmikroskop VHX-2000 von Keyence analysiert. Dabei werden die Flächen der Trennebene der abgeschälten Folien und Träger mit gleichen Einstellungen unter Auflicht und Durchlicht untersucht. Eine Vermessung unter Auflicht lässt eine Analyse der Oberflächenstruktur zu, während unter Durchlicht Bereiche ohne Dekor detektiert werden können.

4.5 IML - Spritzgusssimulation mithilfe einer 3D-CAE Simulation

Die Spritzgießsimulation wird mit der 3D-CAE (Computer Aided Engineering) Software Moldex3D von CoreTech System durchgeführt. Mithilfe der Simulationen wird der Verlauf der Temperaturen und Wandschubspannungen im Angussbereich berechnet und der Einfluss der Werkzeugwandtemperatur auf die Wandschubspannung abgeschätzt. Zusätzlich werden die Ergebnisse der Simulation zur Validierung der analytischen Berechnungen herangezogen. Ferner soll die Fließrichtung der Schmelze und die Ausbildung der Scherung für das seriennahe Versuchswerkzeug analysiert und mit den Auswaschungsbildern verglichen werden, da eine Korrelation zwischen Auswaschung und Fließrichtung erwartet wird.

Abbildung 4.14 zeigt die fertigen Modelle bestehend aus Anguss, Werkzeugkühlung sowie der Formteil- und Foliengeometrie.

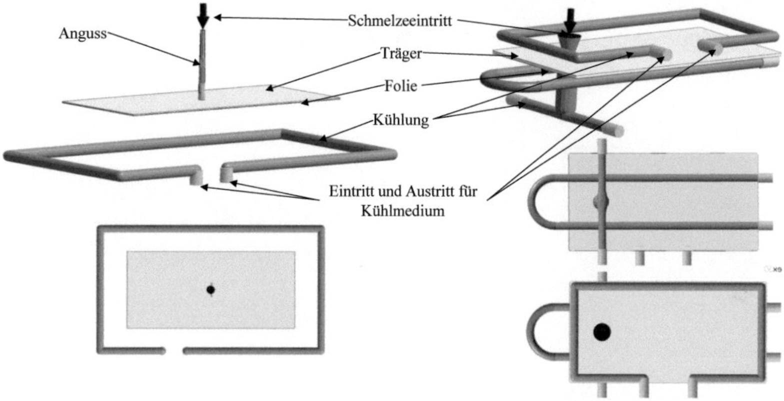

Abbildung 4.14: Modell zur Spritzgießsimulation anhand des Werkzeugs mit variabler Wanddicke (links) und seriennahes Plattenwerkzeug (rechts)

Zunächst wird die Formteilgeometrie importiert, dabei wird die Folie als Einlegeteil aus Makrolon 2405 definiert. Im nächsten Schritt wird der Angusskanal nachgebildet. Hierbei wird der Assistent zur Angusserstellung genutzt, der den Angusskanal auf Basis der wesentlichen geometrischen Größen und des Angusstyps erstellt. Anschließend wird das Kühlsystem mit der umliegenden Werkzeuggeometrie modelliert und definiert. Für das Werkzeug wird ein Warmarbeitsstahl 1.2343 definiert, der häufig für Formplatten und Formeinsätze für Spritzgießwerkzeuge eingesetzt wird. Es werden die Punkte des Kühlmittelein- und Kühlmittelaustritt, sowie der Bohrungsdurchmesser festgelegt. Als Kühlmittelmedium wird Wasser definiert.

In dieser Darstellung wird der Verlauf der Kühlkanäle relativ zum Formteil deutlich. Während beim Plattenwerkzeug mit variabler Wanddicke nur ein Kühlkreislauf mit einem Abstand von 40 mm um das Formteil verläuft, verlaufen beim seriennahen Plattenwerkzeug mit Nadelverschlussdüse zwei konturnahe Kreisläufe mit einem Abstand von 10 mm entlang der Formteilgeometrie.

Abschließend wird das gesamte Modell, bestehend aus Folie, Formteil, Anguss, Kühlkreislauf und Werkzeug, mit Tetraederelementen vernetzt. Dabei wird der Angussbereich automatisch mit kleineren Elementen vernetzt, um die Netzgüte in diesem Bereich zu erhöhen. Die vernetzten Modelle sind in Abbildung 4.15 dargestellt.

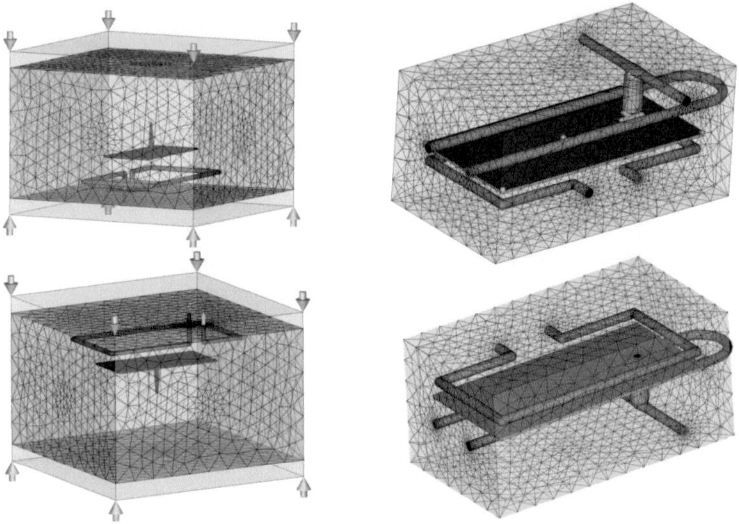

Abbildung 4.15: Vernetztes Modell zur Spritzgießsimulation anhand des Werkzeugs mit variabler Wanddicke (links) und dem seriennahen Plattenwerkzeug (rechts)

Im weiteren Vorgehen werden die Substratmaterialien sowie die Prozessparameter des Spritzgießprozesses analog zu den Versuchsplänen entsprechend Tabelle 8 und Tabelle 9 konfiguriert. Alle im Rahmen der Arbeit eingesetzten Materialien sind in der Materialdatenbank enthalten, die die notwendigen thermischen und rheologischen Daten inklusive der Fließkurven enthält. Somit wird die materialspezifische Strukturviskosität berücksichtigt. Neben dem Material werden auch die eingesetzten Spritzgießmaschinen aus einer Datenbank ausgewählt.

Als Zielgrößen werden bei dem Werkzeug mit variabler Plattendicke die Temperaturen und Wandschubspannungen im Angussbereich an der Formteiloberfläche herangezogen. Zusätzlich werden bei dem seriennahen Plattenwerkzeug der Verlauf der Scherrate und Schubspannung, sowie die Vektoren der Fließrichtung betrachtet. Diese richtungsabhängige Betrachtung erfolgt jedoch nur auf Basis des seriennahen Plattenwerkzeuges, da der Schmelzefluss aufgrund der asymmetrischen Angussposition in Hauptfließrichtung abgelenkt wird.

Abschließend werden die Modelle auf Grundlage der Einspritzzeiten validiert. Die Einspritzzeit wird gewählt, da diese aus dem Einspritzdruck, der Schmelzeviskosität und der Teilegeometrie resultiert und somit das gesamte Füllverhalten abbildet. Die simulierten Einspritzzeiten liegen zwischen den gemessenen und theoretisch berechneten Werten aus Abbildung 4.4. Mit einer simulierten Einspritzzeit beim seriennahen Plattenwerkzeug von 0,52 s bei 90 cm^3/s, beträgt die Abweichung zu den gemessenen Werten 0,08 s. Mit einer Abweichung von 15 % zeigt sich eine gute Übereinstimmung. Die durchschnittliche Abweichung beim Werkzeug mit variabler Wanddicke beträgt 20 – 25 % und zeigt eine ausreichende Übereinstimmung. Höhere Abweichungen beim Werkzeug mit variabler Wanddicke ergeben sich aus dem Kaltkanalanguss und der Werkzeugkühlung, die zu abweichenden Schmelzetemperaturen und somit unterschiedlichen Viskositäten der Schmelze beim Eintritt in die Kavität führen können.

5 Ergebnisse und Diskussion

5.1 Analyse des Folienhinterspritzverfahrens

5.1.1 Entwicklung einer Modellvorstellung

Im folgenden Abschnitt wird der Einspritzverlauf beschrieben und ein Zusammenhang zwischen den mechanischen und thermischen Belastungen abgeleitet. Abbildung 5.1 zeigt den Einspritzvorgang im Angussbereich im Formteilquerschnitt.

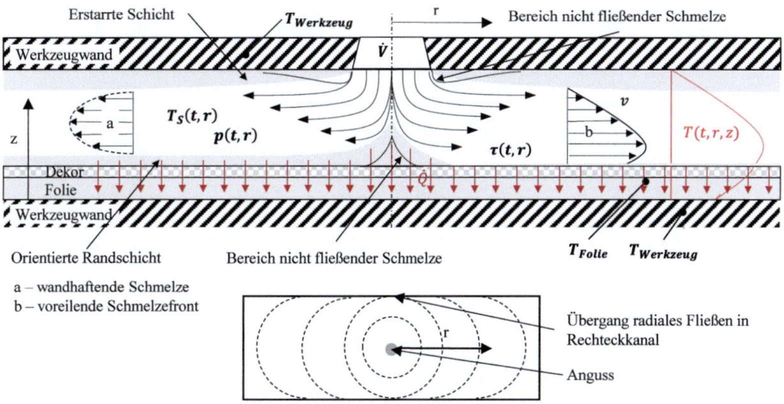

Abbildung 5.1: Modell der Einspritzsituation mit mechanischen und thermischen Belastungen

Die Schmelze strömt mit einem Volumenstrom $\dot{V}$, der durch den Einspritzdruck bzw. der Einspritzgeschwindigkeit der Maschine vorgegeben wird, in das Werkzeug. Dabei trifft die Schmelze auf die Kunststofffolie und breitet sich mit einer laminaren Strömung in radialer Richtung um den Angusspunkt aus. In Abhängigkeit des Fließkanalquerschnittes und der Angussgeometrie können sich Bereiche nicht fließender bzw. langsam fließender Schmelze ausbilden (s. Punktlinie in Abbildung 5.1). Sobald die Schmelze auf die Werkzeugwand bzw. die Folie trifft, kühlt diese ab. Dabei wirkt ein Wärmestrom $\dot{Q}$ durch die Folie zur Werkzeugwand. Dieser Wärmestrom führt zu einer Erwärmung des Dekors sowie der Folie. Im Fließkanalquerschnitt bildet sich ein

Druckströmungsprofil der Schmelze, das zu einer Wandschubspannung τ auf der Dekoroberfläche führt. Aufgrund der Abkühlung der Schmelze und des Druckabfalls über die Kanallänge, nehmen die thermischen und mechanischen Belastungen mit der Entfernung zum Angusspunkt ab. Gleichzeitig steigt die thermische Belastung im Angussbereich mit der Einspritzzeit und der eingebrachten thermischen Energie. Die thermischen und mechanischen Belastungen durch die Schmelze sind somit von der Einspritzzeit t und dem Weg r abhängig.

Im unteren Abschnitt von Abbildung 5.1 ist die Draufsicht beim Einspritzen einer Rechteckgeometrie mit zentralem Angusspunkt gezeigt. Zu Beginn des Einspritzens verläuft der Schmelzefluss radial. Trifft die Schmelze auf die begrenzende Werkzeugwand, geht der Schmelzefluss in Längsrichtung über. Analog zum Schmelzefluss ändert sich die Richtung der maximalen Wandschubspannung. Entsprechend Abbildung 2.14 aus Abschnitt 2.3.1 bildet sich, unter der Voraussetzung eines symmetrischen Temperaturprofils im Schmelzekanal, ein symmetrisches Strömungsprofil mit wandhaftender Schmelze (s. a in Abbildung 5.1). Aufgrund des asymmetrischen Temperaturverlaufs bildet sich beim Folienhinterspritzen ein voreilender Verlauf der Schmelzefront aus (s. b in Abbildung 5.1). In Abbildung 5.2 ist das mechanische Modell eines IML-Formteils im Querschnitt abgebildet, mit den Kräften zwischen den einzelnen Schichten in z-Richtung sowie den Belastungen durch die Schmelze mit dem Schmelzedruck p_S und der Wandschubspannung τ.

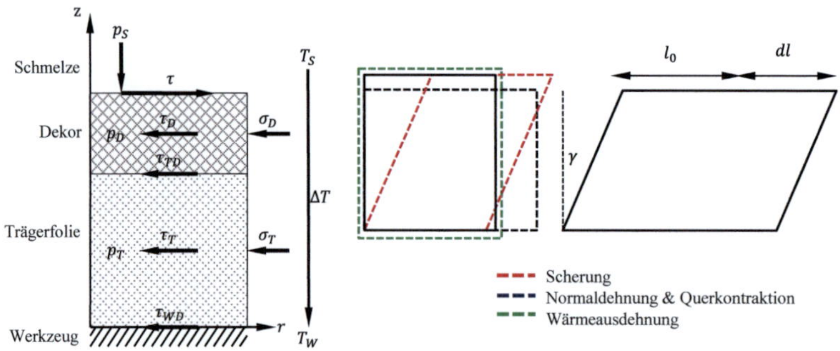

Abbildung 5.2: Mechanisches Modell eines IML Teils im Querschnitt

Die Benennung der Spannungen σ, Drücke p und Schubspannungen τ erfolgt über die Indizes S-Schmelze, D-Dekor, T-Trägerfolie und W-Werkzeug. Zwischen den einzelnen Schichten wirken Schubspannungen, die der Wandschubspannung entgegengesetzt wirken. Ferner wirkt in jeder Schicht ein Druck p. Zwischen Trägerfolie und Werkzeugwand haftet die Folie durch Reibung, die vom Reibungswert μ und dem Druck abhängt [Bal12]:

$$\tau_{WD} = \mu \cdot p(r,t) \qquad \text{(Gl. 5.1)}$$

Die aus der Schubspannung resultierende Verformung teilt sich in Scherung γ und Dehnung ε der Einzelschichten auf. Die Scherung führt zu einer Normaldehnung und Querkontraktion. Diese überlagert sich mit den thermischen Ausdehnungen der einzelnen Schichten. Innerhalb des hooke'schen Bereichs kann die Deformation nach [KiS09] wie folgt berechnet werden:

$$\epsilon_x = \frac{1}{E}\left[\sigma_{xx} - \nu(\sigma_{zz} + \sigma_{yy})\right] + \alpha_T \Delta T = \frac{dl}{l_0} \qquad \text{(Gl. 5.2)}$$

Die Verformung ist von den einzelnen Spannungen σ, der Querkontraktionszahl ν, dem E-Modul E, dem thermischen Ausdehnungskoeffizienten α_T und der Temperaturdifferenz ΔT abhängig. Die Querkontraktionszahl ist dabei eine Materialkenngröße, die die Querdehnung bei einer Längsdehnung beschreibt. Diese ergibt sich aus dem Elastizitäts- und Schubmodul zu:

$$G = \frac{E}{2(1+\nu)} \qquad \text{(Gl. 5.3)}$$

Das hooke'sche Gesetz ist nur für kleine Dehnungen im elastischen Bereich zulässig. Aufgrund des viskosen und viskoelastischen Verhaltens von Kunststoffen, muss bei größerer Verformung eine zeit- und temperaturabhängige Betrachtung, beispielsweise auf Basis des Burger-Modell, stattfinden.

Übersteigt die Spannung in einer Schicht die maximale zulässige Spannung, kommt es zu einer irreversiblen Verformung und gegebenenfalls zu einem kohäsiven Versagen in der Schicht [Bal12, IRH95]. Bezogen auf den vorliegenden Verbund können folgende Versagensformen beim Überschreiten der Maximalspannungen eintreten:

- τ: Abgleiten der Randschicht vom Dekor
- τ_{TD}: Ablösen des Dekors vom Träger

- τ_{WD}: Abgleiten von der Werkzeugwand
- σ_D: Aufreißen der Dekorschicht
- σ_T: Aufreißen der Folie

Zusammenfassend lassen sich hieraus die folgenden Schlussfolgerungen ableiten:

- Die Dehnung der einzelnen Schichten hängt von den Materialeigenschaften wie Elastizitäts- und Schubmodul sowie dem thermischen Ausdehnungskoeffizienten ab und wird durch die Wandschubspannung τ und den Wärmestrom $\dot{Q}$ hervorgerufen.
- Im Bereich der Anspritzung treten Bereiche nichtfließender Schmelze und niedriger Wandschubspannungen auf.
- Die Richtung der Wandschubspannung ist abhängig von der Fließrichtung der Schmelze und somit von der Füllzeit (Übergang radiales Fließen in Längsrichtung).

Die Betrachtungsweise führt zu der Frage, wie hoch die thermischen und die mechanischen Belastungen der Folie sind und wovon diese abhängen, die in den folgenden zwei Abschnitten beantwortet wird.

5.1.2 Analytische Betrachtung der Folienerwärmung

Ziel des folgenden Abschnittes ist die analytische Bestimmung des Temperaturprofils der Folie in Abhängigkeit von der Füllzeit, der Foliendicke und der Temperatur anhand einer Simulation. Zur Validierung der Ergebnisse werden einzelne Temperaturen mit Messergebnissen verglichen.

Mithilfe von ANSYS Mechanical werden die Folienerwärmung sowie der zeitliche Temperaturverlauf berechnet. Abbildung 5.3 zeigt die Randbedingungen und Annahmen des Modells. Die Kunststofffolie wird als Volumenkörper mit den entsprechenden Materialeigenschaften und der Foliendicke definiert. Dabei wird vereinfacht angenommen, dass die Folie vor dem Einspritzbeginn, zum Zeitpunkt $t = 0$, eine Temperatur von 30 °C hat und nach dem Einspritzen, ab dem Zeitpunkt $t > 0$, mit einer Werkzeugwandtemperatur und der Schmelzetemperatur vollflächig beaufschlagt wird. Ausgehend von der maximalen Schmelzetemperatur zum Einspritzbeginn wird angenommen, dass die Schmelze mit einer Rate von 25 K / s abkühlt. Dies entspricht einer Abkühlung gemäß einer Kühlzeitberechnung nach: [Jar13]

$$t_k = \frac{d^2}{\pi^2\, a} * \ln\left(\frac{8}{\pi^2}\frac{T_S - T_W}{T_E - T_W}\right) \qquad \text{(Gl. 5.4)}$$

Darin sind die Wanddicke d, die Schmelzetemperatur T_S, die Temperaturleitfähigkeit a, die Werkzeugwandtemperatur T_W und die Entformungstemperatur T_E enthalten.

Der Kontakt zwischen Folie und Werkzeugwand sowie zwischen Folie und Schmelze wird über Wärmeübergangskoeffizienten abgebildet. Analog zu Abschnitt 2.3.5 schwanken die Literaturangaben zwischen 500 W/(m^{2}K) und 5.000 W/(m^{2}K). Da eine Messung des Wärmeübergangskoeffizienten im Rahmen der Arbeit nicht möglich ist und diese sich in Abhängigkeit der Strömungsgeschwindigkeit und Temperaturen ändern, müssen Annahmen getroffen werden. Auf Grundlage der Untersuchungen und Messungen von [Wil97], wird für das weitere Vorgehen ein mittlerer Wärmeübergangskoeffizient zwischen Werkzeugwand und Folie von 500 W/(m^{2}K) gewählt. Für den mittleren Wärmeübergangskoeffizienten zwischen Schmelze und Dekorfolie wird auf Grundlage von [Blu96] ein Wert von 1.500 W/(m^{2}K) angenommen, der dem Abkühlverlauf beim Spritzgießen entspricht. Dieser Wert liegt unterhalb der Angabe für das Einspritzen von 3.000 W/(m^{2}K) sowie oberhalb des Wertes von 500 W/(m^{2}K) für den weiteren Abkühlverlauf. Aufgrund der geringeren Wärmeleitfähigkeit der Kunststofffolie im Vergleich zum Stahl der Werkzeugwand, wird hier ein Wert unterhalb von 3.000 W/(m^{2}K) angesetzt. Um den Einfluss des Wärmeübergangskoeffizienten zwischen Schmelze und Kunststofffolie auf das Ergebnis abschätzen zu können, wird dieser beispielhaft berechnet. So führt eine Änderung des Wärmeübergangskoeffizienten von 1.000 W/(m^{2}K) auf 2.000 W/(m^{2}K) zwischen Schmelze und Kunststofffolie, bei einer konstanten Schmelzetemperatur von 300 °C und einer Werkzeugwandtemperatur von 55 °C, zu einer Differenz der Maximaltemperatur der Folie von ca. 12 %. Die Wahl der Randbedingungen ist in Abbildung 5.3 zusammengefasst.

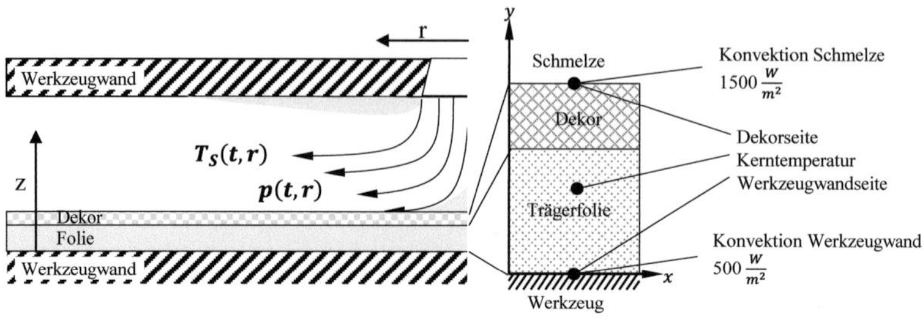

Abbildung 5.3: Randbedingungen und Annahmen der ANSYS-Simulation zur Ermittlung des Temperaturverlaufs der Folie

Auf Basis dieser Modellvorstellung wird zunächst der Einfluss des manuellen Folienhandlings bewertet. Hier soll die Frage beantwortet werden, ob Zeitunterschiede durch das manuelle Einlegen der Folie in das Werkzeug und die manuelle Bedienung zu unterschiedlichen Folientemperaturen führen. Anschließend wird die Folientemperatur der Werkzeugwandseite, im Folienkern sowie an der Dekorseite in Abhängigkeit der Einspritzzeit, der Werkzeugwand- und Schmelzetemperatur betrachtet.

Einfluss der Folientemperatur zu Beginn des Einspritzens

Abbildung 5.4 zeigt die berechnete Folienerwärmung nach dem Einlegen der Folie in das Werkzeug.

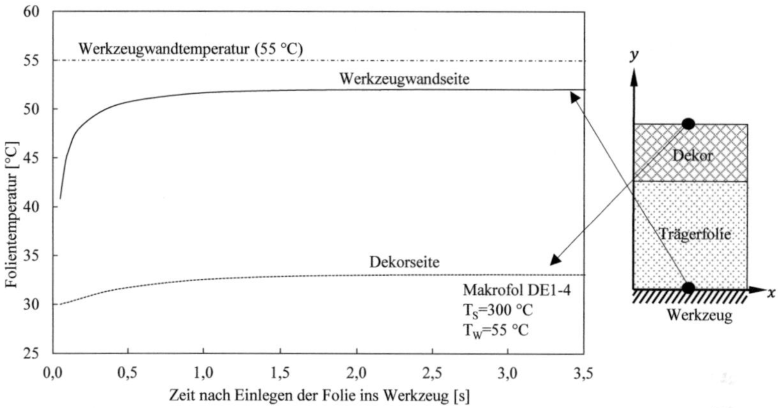

Abbildung 5.4: Berechnete Folienerwärmung nach dem Einlegen der Folie in das Werkzeug

Die Folienerwärmung nach dem Einlegen in das Werkzeug ist nach ca. 1,5 s abgeschlossen. Ein Einfluss der Geschwindigkeit durch das manuelle Einlegen der Folie und die manuelle Bedienung kann somit ausgeschlossen werden, da allein die Werkzeugschließzeit über 1,5 s beträgt.

Einfluss der Schmelze- und Werkzeugwandtemperatur auf die maximale Folientemperatur

Abbildung 5.5 zeigt die Folientemperatur der Werkzeugwandseite, im Folienkern sowie an der Dekorseite in Abhängigkeit der Einspritzzeit von 0,1 s bis 1,0 s nach Einspritzbeginn und in Abhängigkeit der Werkzeugwand- und Schmelzetemperatur. Dabei werden vier Fälle mit Werkzeugwandtemperaturen von jeweils 30 °C und 80 °C sowie Schmelzetemperaturen von 280 °C und 320 °C betrachtet, welche die maximalen Temperaturdifferenzen der Schmelze für den untersuchten Werkstoff PC abbilden.

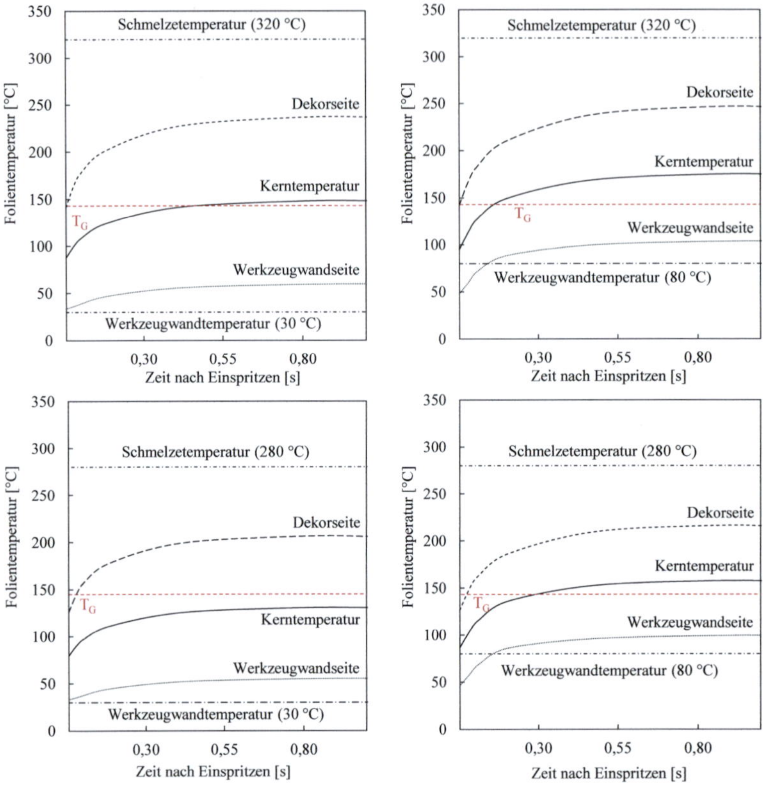

Abbildung 5.5: Temperaturprofil über Foliendicke in Abhängigkeit der Zeit nach dem Einspritzen bei 250 µm dicken Folien, 320 °C Schmelzetemperatur und 80 °C Werkzeugwandtemperatur (links) sowie 280 °C Schmelzetemperatur und 30 °C Werkzeugwandtemperatur (rechts)

Die maximalen Folientemperaturen werden ca. 0,6 s nach dem Einspritzbeginn erreicht, ein vollständig ausgeprägtes Temperaturprofil liegt ca. 1 s nach dem Einspritzbeginn vor. In Abhängigkeit der Schmelze- und Werkzeugwandtemperatur variieren die maximalen Folientemperaturen an der Dekorseite zwischen 246 °C (bei 320 °C / 80 °C) und 206 °C (bei 280 °C / 30 °C). Dabei ergeben sich zwei Bereiche über und unter 220 °C, die hauptsächlich durch die Schmelzetemperatur bestimmt werden. So führt eine Temperaturdifferenz von $\Delta T_w = 50\ °C$ zu einer Änderung der Folientemperatur um ca. 10 °C (4 %) und eine Temperaturdifferenz von $\Delta T_S = 40\ °C$ zu einer Änderung der Folientemperatur um ca. 30 °C (12 %). Temperaturen am Foliendekor von über 200 °C werden bereits 0,25 s nach dem Einspritzen erreicht.

Die Folientemperaturen auf der Werkzeugwandseite liegen zwischen 55 °C bei einer Werkzeugwandtemperatur von 30 °C und erreichen Temperaturen von bis zu 100 °C bei Werkzeugwandtemperaturen von 80 °C. Dabei ändert sich die maximale Folientemperatur an der Werkzeugwandseite bei einer Temperaturdifferenz von $\Delta T_w = 50\ °C$ um ca. 40 °C (40 %) und bei einer Temperaturdifferenz von $\Delta T_S = 40\ °C$ um ca. 4 °C (4%). Die Kerntemperaturen der Folie liegen in einem Bereich zwischen 130 °C bei (280 °C/30 °C) und maximal 175 °C bei (320 °C/80 °C) und ändern sich bei einer Temperaturdifferenz von $\Delta T_w = 50\ °C$ um ca. 28 °C (18 %) und bei einer Temperaturdifferenz von $\Delta T_S = 40\ °C$ um ca. 19 °C (13 %). Somit wird die Glasübergangstemperatur der Folie von 145 °C bei Werkzeugwandtemperaturen, unabhängig der Schmelzetemperatur, von über 80 °C überschritten.

Abgleich zwischen simulierten und gemessenen Folientemperaturen

Aufgrund der hohen Schergeschwindigkeiten und Wandschubspannungen im Fließkanal ist kein geeignetes Messverfahren für den Einsatz in der Praxis bekannt, um die Temperaturen zwischen Folie und Schmelze zu messen. Eine Abschätzung des Temperaturverlaufs ist somit nur auf Basis einer Simulation möglich. Mithilfe von Temperatursensoren auf der Werkzeugoberfläche kann jedoch die Temperatur der Folie an der Werkzeugwandtemperatur gemessen und mit den simulierten Werten abgeglichen werden.

Hierzu werden in einem angepassten Formeinsatz kombinierte Druck-/Temperatur-Sensoren von KISTLER vom Typ 6190C integriert, um die Temperatur zwischen Werkzeugwand und Folie zu messen. Abbildung 5.6 zeigt die Erhöhung der Folientemperatur während des Einspritzvorganges in Abhängigkeit der Fließspalthöhe.

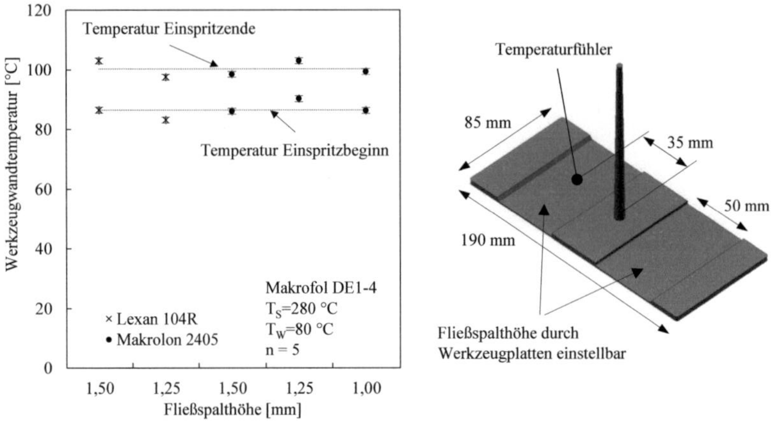

Abbildung 5.6: Messung der Folientemperatur auf der Werkzeugwandseite mittels Temperatursensor im Werkzeug bei unterschiedlichen Fließspalthöhen

Die Temperaturerhöhung beim Einspritzen beträgt durchschnittlich 14 °C auf der Werkzeugwandseite der Folie. Bei einer Werkzeugwandtemperatur von 80 °C und einer Schmelzetemperatur von 280 °C beträgt die maximale Folientemperatur 103 °C und zeigt gute Übereinstimmung mit der simulierten Temperatur von 100 °C. Auch ein Abgleich mit den in [CLH10] ermittelten Werten zeigt eine gute Übereinstimmung zwischen Simulation und Messung.

5.1.3 Analytische Betrachtung der Wandschubspannung

Analog zu Abschnitt 5.1.1 und Abbildung 5.1 folgt eine Berechnung der auftretenden Wandschubspannungen an der Dekoroberfläche. Ziel der Betrachtung ist die Ermittlung des Temperatureinflusses, des Wanddickeneinflusses, der Fließweglänge und des Materialeinflusses. Die Ermittlung der Wandschubspannung im Schmelzekanal erfolgt auf Grundlage der in Abschnitt 2.3.1 beschriebenen Zusammenhänge. Dabei wird wie folgt vorgegangen:

1. Berechnung der Viskosität mit dem Carreau-Ansatz nach (Gl.2.7) unter Berücksichtigung der in Abschnitt 4.2.1 aufgeführten materialspezifischen Konstanten und der repräsentativen Schergeschwindigkeit nach (Gl. 2.15) für Rechteckgeometrien.

2. Berechnung der Wandschergeschwindigkeit für strukturviskose Materialien nach (Gl. 2.14) für Rechteckgeometrien.
3. Berechnung der Wandschubspannung nach (Gl. 2.4)

Abbildung 5.7 zeigt die auftretende Wandschubspannung in Abhängigkeit der Wanddicke bei unterschiedlichen Einspritzvolumenströmen und Temperaturen am Beispiel des Werkstoffs Makrolon 2405.

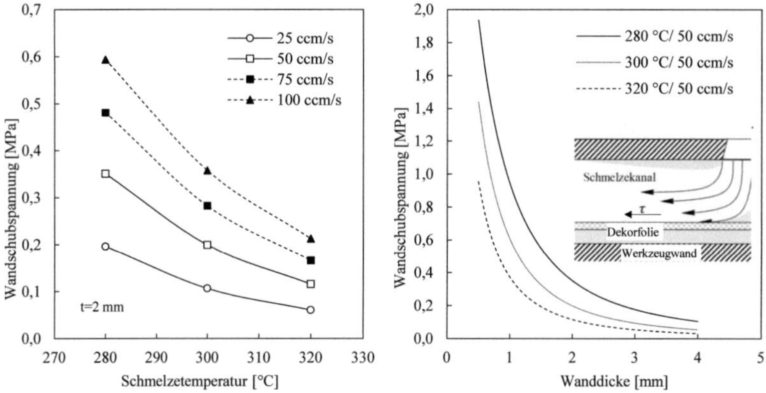

Abbildung 5.7: Wandschubspannung in Abhängigkeit der Schmelzetemperatur (links)und der Wanddicke (rechts) bei unterschiedlichen Einspritzvolumenströmen am Werkstoff Makrolon 2405

Abbildung 5.7 (rechtes Diagramm) verdeutlicht die quadratische Zunahme der Wandschubspannung mit abnehmender Wanddicke. Die prozentuale Steigerung der Wandschubspannung in Abhängigkeit der Wanddicke zeigt Tabelle 16. Wird die Wanddicke von 2 mm auf 1 mm reduziert, erhöht sich die Wandschubspannung um 250 %.

Tabelle 16: Einfluss der Wanddicke auf die Wandschubspannung

Dicke [mm]	2	1,5	1	0,5
τ [MPa]	1,30	1,53	3,30	12,5
Erhöhung [%]		18 %	115 %	280 %

Wird die Wanddicke als konstant angenommen, führt eine Steigerung des Einspritzvolumenstromes von 25 cm^3/s auf 100 cm^3/s zu einer Steigerung der

Wandschubspannung von 350 % bei einer Massetemperatur von 280 °C und 300 % bei einer Massetemperatur von 320 °C. Eine Steigerung der Massetemperatur von 280 °C auf 320 °C führt zu einer Abnahme der Wandschubspannung von ca. 70 % aufgrund der abnehmenden Viskosität.

Da die Temperaturbelastung der Folie mit der Einspritzzeit steigt, ergibt sich das in Abbildung 5.8 dargestellte Spannungsfeld zwischen thermischen und mechanischen Belastungen. Geringe Temperaturbelastungen werden durch niedrige Schmelzetemperaturen und kurze Einspritzzeiten erreicht. Kurze Einspritzzeiten wiederum durch hohe Einspritzvolumenströme und niedrige Wanddicken, welche zu hohen Wandschubspannungen führen.

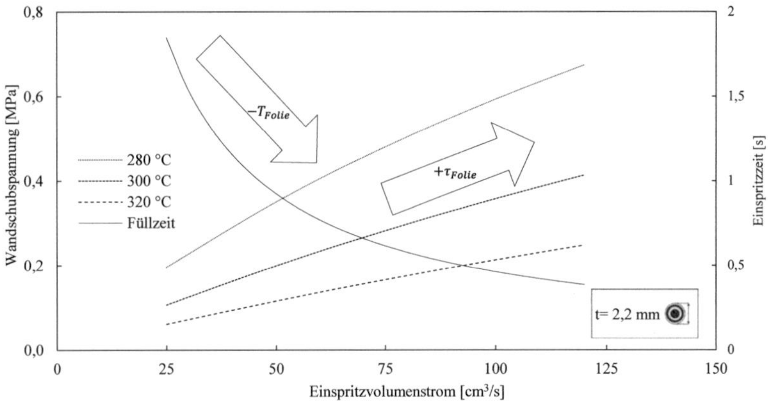

Abbildung 5.8: Zusammenhang zwischen Wandschubspannung und Einspritzzeit in Abhängigkeit des Einspritzvolumenstromes und der Massetemperatur

Die Erkenntnisse lassen sich wie folgt zusammenfassen:

- Haupteinflussfaktor auf die Wandschubspannung ist die Wanddicke.
- Der Einfluss der Einspritzgeschwindigkeit bzw. des Einspritzvolumenstromes auf die Wandschubspannung ist größer als der Temperatureinfluss.
- Hohe Einspritzvolumenströme führen zu hohen Wandschubspannungen und kurzen Einwirkzeiten der Schmelze.

- Hohe Temperaturen führen zu hohen thermischen Belastungen und sinkenden Wandschubspannungen.
- Die maximale Folientemperatur wird ca. 0,6 s nach dem Einspritzbeginn erreicht.
- Die Folientemperatur an der Dekorseite wird hauptsächlich durch die Schmelzetemperatur und die Temperatur an der Werkzeugwandseite im Wesentlichen durch die Werkzeugwandtemperatur beeinflusst.

5.2 Untersuchung der Dekor und Folienschädigung in Angussnähe

5.2.1 Ausbildung der Dekor- und Folienschädigung während der Formteilfüllung

Mithilfe einer Füllstudie wird die zeitliche und geometrische Ausbildung der Auswaschungserscheinungen während des Einspritzens beobachtet. Zunächst wird die Entstehung der Auswaschung bei 1 mm dicken Probekörpern betrachtet. Dieser Versuch wird am Werkzeug mit zentralem Kaltkanalanguss bei einer Schmelzetemperatur von 280 °C durchgeführt und bildet somit den Fall der maximalen Schubspannung ab. Um den Einfluss der Temperaturen und Geschwindigkeiten zu betrachten, wird die Entstehung der Auswaschung am seriennahen Probekörperwerkzeug mit 2 mm dicken Probekörper bei unterschiedlichen Temperaturen und Einspritzvolumenströmen mit dezentraler Nadelverschlussdüse untersucht.

Dekor- und Folienschädigung bei Kaltkanalanguss und 1 mm Plattendicke

Der Füllgrad wird in den Stufen 5 %, 10 %, 20 %, 40 %, 60 %, 80 % und 100 % nachdruckfrei variiert. Abbildung 5.9 zeigt den Auswaschungsdurchmesser der äußeren und inneren Auswaschung in Abhängigkeit des Füllgrades und Abbildung 5.10 zeigt entsprechende Aufnahmen der Auswaschungen.

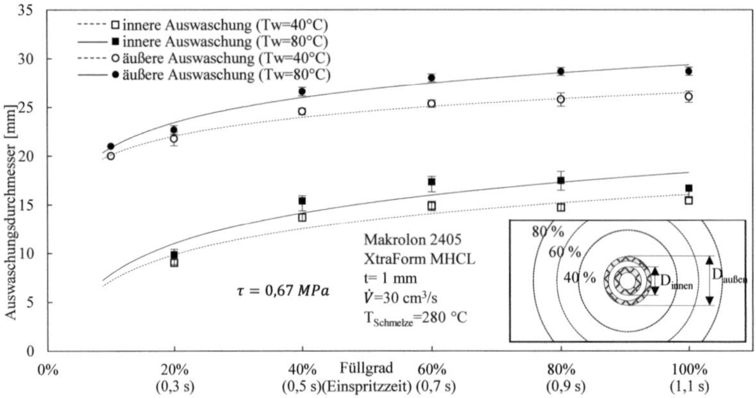

Abbildung 5.9: Entstehung der äußeren und inneren Auswaschung bei einer Plattendicke von 1 mm in Abhängigkeit des Füllgrades

Bei einer Plattendicke von 1 mm bilden sich ein äußerer und ein innerer Ring konzentrisch um den Angusspunkt. Im Zentrum des Anspritzpunktes wird das Dekor nicht beschädigt. In dem Diagramm sind jeweils zwei Linienpaare für den äußeren und inneren Auswaschungsring bei unterschiedlichen Werkzeugwandtemperaturen dargestellt. Zunächst bildet sich ein äußerer Ring bei einem Füllgrad zwischen 5 % und 10 %, was einer Einspritzzeit (EZ) zwischen 0,1 s und 0,2 s entspricht und einer Wandschubspannung von ca. 0,67 MPa. Anschließend bildet sich der innere Ring bei einem Füllgrad zwischen 10 % und 20 %, was einer Einspritzzeit zwischen 0,2 s und 0,3 s entspricht. Einzelne Farbpigmente werden dabei erosionsartig ausgelöst bzw. abgetragen, welche durch Lichtpunkte unter einem Auflichtmikroskop sichtbar werden (s. Abbildung 5.10 rechts). Die Auswaschung wächst dabei in Richtung des Volumenstroms der Schmelze, also radial um den Angusspunkt.

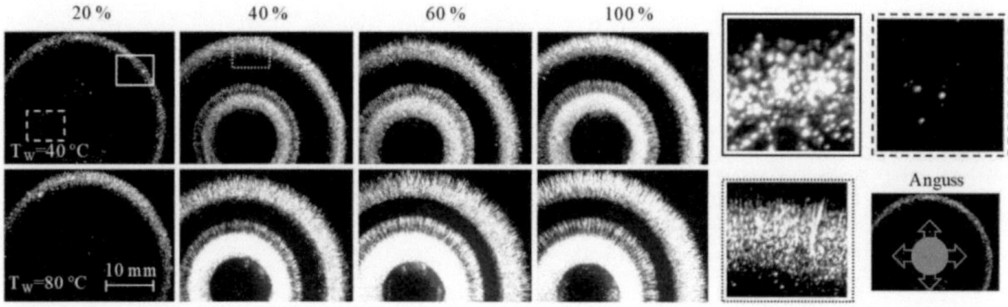

Abbildung 5.10: Auswaschungserscheinungen gegenüber dem Anguss in Abhängigkeit des Füllgrades

Die Ausbildung der Ringbreite ist in Abbildung 5.11 dargestellt.

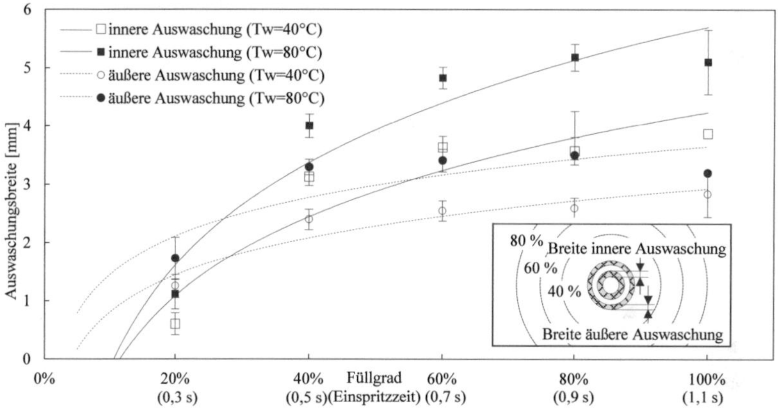

Abbildung 5.11: Breite der äußeren und inneren Auswaschung bei einer Plattendicke von 1 mm in Abhängigkeit des Füllgrades

Mit der Formteilfüllung nehmen der Durchmesser der äußeren Auswaschung bis zu einem Füllgrad von ca. 40 % (EZ 0,5 s) und der Durchmesser der inneren Auswaschung bis zu einem Füllgrad von ca. 60 % (EZ 0,7 s) näherungsweise konstant zu. Zum Ende der Formteilfüllung nach einer EZ von ca. 1,1 s ist die maximale Auswaschung erreicht. Dabei ist der innere Ring ca. 40 % breiter als der äußere Ring. Die Ausbildung ähnelt einem logarithmischen Verlauf mit einem steilen Anstieg und einer asymptotischen Näherung an ein Maximum. Ferner nehmen die Breite und der Durchmesser der Auswaschung mit steigender Werkzeugwandtemperatur von 40 °C auf 80 °C um durchschnittlich 10 % zu.

Abbildung 5.12 zeigt ein Schliffbild entlang der Längsachse durch die Auswaschung mit der entsprechenden Dekor- und Foliendicke, die mithilfe eines Messmikroskopes optisch vermessen werden.

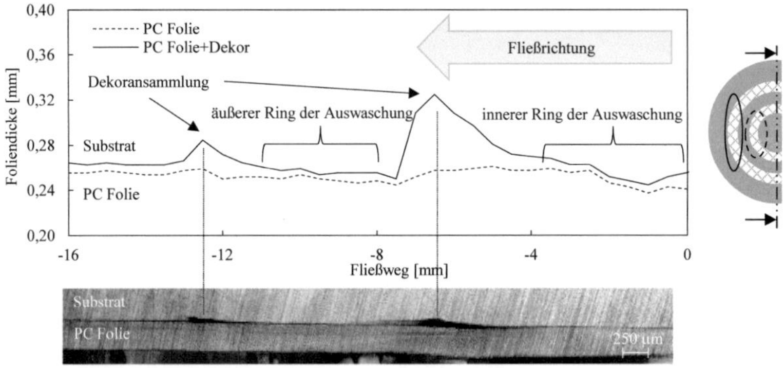

Abbildung 5.12: Folien- und Dekordicke entlang des Fließweges von PC

Die parallelen Streifen im Bild sind auf das Schleifmittel zurückzuführen. Die gekennzeichneten Bereiche zeigen die inneren und äußeren Auswaschungen. Beim Werkstoff PC findet ein Abtrag einzelner Farbschichten statt. Die ausgewaschenen Bereiche sind durch eine Abnahme der Dekorschichtdicke gekennzeichnet. Da nur einzelne Pigmente abgetragen werden, ist eine Restfarbdicke vorhanden. Neben den ausgewaschenen Bereichen sind lokale Farbansammlungen in Fließrichtung der Schmelze erkennbar. Die maximale Schwankung der Foliendicke beträgt 12 % bei einer Standardabweichung von 3 % und kann somit als konstant angenommen werden. Eine leichte Foliendeformation ist gegenüber dem Anguss erkennbar, die aufgrund des Stangenangusses auch auf die Schwindung zurückgeführt werden kann.

Anhand einer maßstabsgetreuen Darstellung des Angussbereiches (s. Abbildung 5.13) soll die Entstehung der Auswaschungsbereiche in Abhängigkeit des Füllgrades modellhaft gezeigt werden. Mit einem Durchmesser von 7,3 mm ist der Anguss breiter als der Fließkanal mit einer Wanddicke von 1 mm. Daraus ergibt sich ein Bereich nicht bzw. langsam fließender Schmelze direkt unterhalb des Angusspunktes und ein Bereich mit hoher Schergeschwindigkeit, in dem die Schmelze schräg in die Kavität strömt.

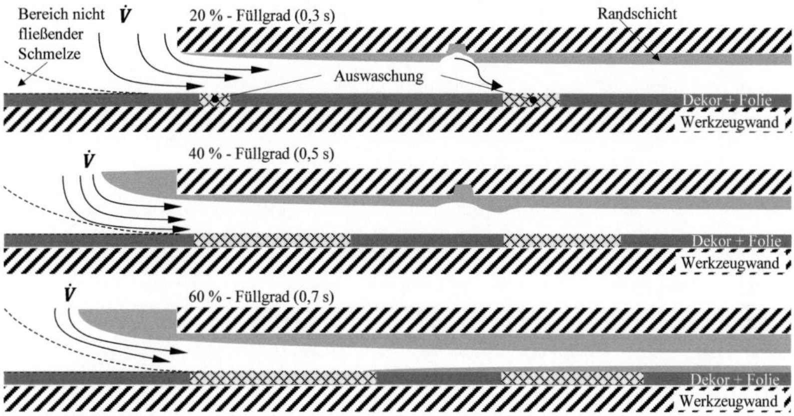

Abbildung 5.13: Modellhafte Darstellung der Auswaschung in Abhängigkeit des Füllgrades

Die Schmelze trifft auf die Werkzeug- und Folienoberfläche, kühlt ab und bildet eine dünne Randschicht. Dabei wird die Folie erwärmt und verliert ihre Festigkeit. Die Schergeschwindigkeit ist im Bereich des Schmelzeeinlaufes maximal, da der konstante Volumenstrom durch die geringe Querschnittsfläche fließt. Ferner nehmen der Druck und die Temperatur der Schmelze mit der Entfernung vom Anguss ab und somit die mechanische und thermische Belastung der Folie. Die Auswaschung bildet sich im Bereich der größten thermischen und mechanischen Belastung unmittelbar um den Angusspunkt.

Der äußere Ring kann auf Schubspannungseffekte zurückgeführt werden, da dieser direkt zum Einspritzbeginn auftritt. Der innere Ring tritt verzögert auf und wird auf eine Kombination aus Temperaturbelastung und Schubspannung zurückgeführt. Zudem verläuft im Bereich des äußeren Rings eine Nut im Werkzeug. Diese stellt ein Fließhindernis dar und könnte zur Bildung des äußeren Rings beitragen. Das Phänomen der Ringbildung wird im Abschnitt 5.2.6 diskutiert.

Zusammenfassend bilden sich die Auswaschungen bei einer Wanddicke von 1 mm bereits 0,1 bis 0,3 s nach dem Einspritzen bei einer Wandschubspannung von 0,67 MPa. Im Folgenden wird der Einfluss der Wanddicke und der Temperaturen auf den Entstehungsverlauf der Auswaschung betrachtet.

Einfluss der Prozessparameter und Formteildicke auf die Ausbildung der Dekor- und Folienschädigung während der Formteilfüllung bei Nadelverschlussdüse und einer Plattendicke von 2 mm

Der Einfluss der Prozessparameter auf die Entstehung der Auswaschung wird auf Basis des seriennahen Plattenwerkzeuges mit Nadelverschlussdüse und einer Formteildicke von 2 mm untersucht. Abbildung 5.14 zeigt den Auswaschungsdurchmesser in Abhängigkeit des Füllgrades bei einer Massetemperatur von 280 °C und 320 °C sowie einer Werkzeugwandtemperatur von 30 °C und 90 °C.

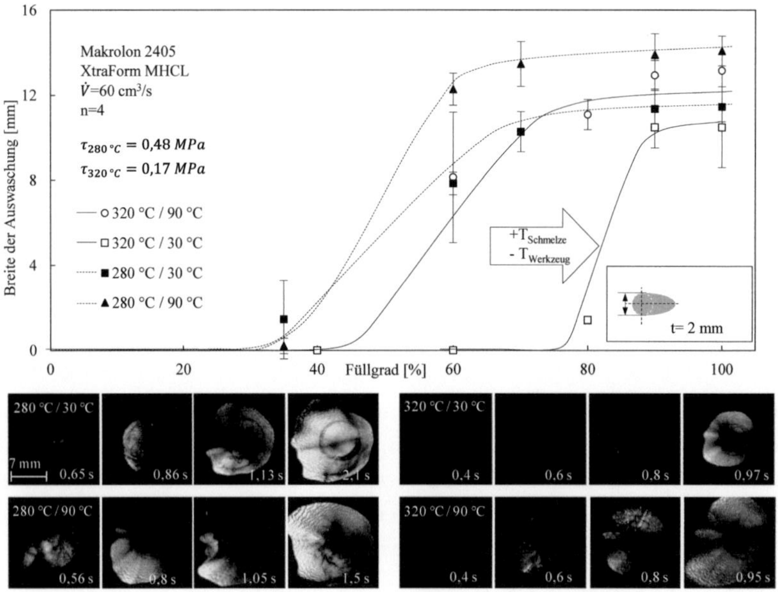

Abbildung 5.14: Dekor- und Folienschädigung bei 2 mm dicken Formteilen in Abhängigkeit der Schmelze- und Werkzeugwandtemperatur

Die theoretischen Wandschubspannungen betragen bei einer Massetemperatur von 280 °C 0,48 MPa und bei einer Massetemperatur von 320 °C 0,17 MPa. Mit steigenden Massetemperaturen und fallenden Werkzeugwandtemperaturen nimmt die Breite der Auswaschung ab und die Auswaschungen treten verzögert auf. Erste Auswaschungserscheinungen entstehen bei einer Schmelzetemperatur von 280 °C zwischen 30 % und 40 % Werkzeugfüllung nach ca. 0,6 s. Bei einer Schmelzetemperatur von 320 °C bei einem Füllgrad von 40 % bis 80 % und je nach Werkzeugwandtemperatur zwischen 0,6 s und 0,8 s.

Der Einfluss der Werkzeugwandtemperatur ist bei hohen Schmelzetemperaturen und niedrigen Wandschubspannungen höher, sodass die Auswaschung mit einer Verzögerung von 20 %, bezogen auf den Füllgrad, auftritt. Bei Massetemperaturen von 280 °C zeigt sich eine geringe Verzögerung. Dies deckt sich mit den Erkenntnissen aus den vorangegangenen Untersuchungen auf Basis der 1 mm dicken Probekörper.

Die mikroskopischen Aufnahmen (s. Abbildung 5.14 unten) zeigen einen elliptischen Verlauf der Auswaschung um den Anguss herum in Fließrichtung. Zu Beginn bilden sich ausgewaschene Bereiche konzentrisch um den Anguss, die mit zunehmendem Füllgrad und Folienerwärmung wachsen. Bei 280 °C Schmelzetemperatur bildet sich eine zentrale Auswaschung, die auf die hohe thermische Belastung aufgrund der Füllzeit von 2,1 s und die Wandschubspannung von 0,48 MPa zurückzuführen ist. Dies deutet ebenfalls darauf hin, dass die Auswaschungen nicht direkt nach dem Einspritzen auftreten, sondern während des Einspritzens, da der Hauptmassefluss aufgrund des dezentralen Angusses in Längsrichtung erfolgt. Zu Beginn zeigen sich ebenfalls erosionsartige Auswaschungen einzelner Partikel in Fließrichtung, welche dann in ein Wellenmuster übergehen. Das Wellenmuster zeigt dabei den Verlauf der Schmelzefront. Bestandteile der Dekorschicht werden von der Dehnströmung mitgerissen und wieder abgelagert. In der Nadelverschlussdüse wird der Schmelzestrom durch Stege geteilt. Somit treten drei unterschiedliche Teilströmungen aus der Düse aus, die sich zunächst konzentrisch um den Anguss ausbreiten. Je nach Füllgrad wird der Schmelzestrom in die Hauptfließrichtung umgelenkt.

Neben höheren Massetemperaturen führen auch steigende Einspritzvolumenströme bei hohen Massetemperaturen zu einem verzögerten Auftreten der Auswaschungen. Abbildung 5.15 zeigt die Auswaschung in Abhängigkeit des Füllgrades bei einem Einspritzvolumenstrom von 60 cm³/s im Vergleich zu 120 cm³/s bei einer Massetemperatur von 320 °C und einer Werkzeugwandtemperatur von 60 °C.

Eine Verdopplung des Einspritzvolumenstromes geht mit einer Steigerung der Wandschubspannung von 0,17 MPA auf 0,3 MPa und einer Reduzierung der Einspritzzeit von 0,9 s auf 0,4 s einher. Dabei ist das verzögerte Auftreten der Auswaschung auf geringere thermische Belastungen der Folie zurückzuführen. Zusammenfassend zeigt sich, dass erste Auswaschungen bei hohen Schubspannungen zu Beginn des Einspritzens auftreten, mit abnehmenden Schubspannungen verzögert auftreten und mit fortschreitender Formteilfüllung wachsen.

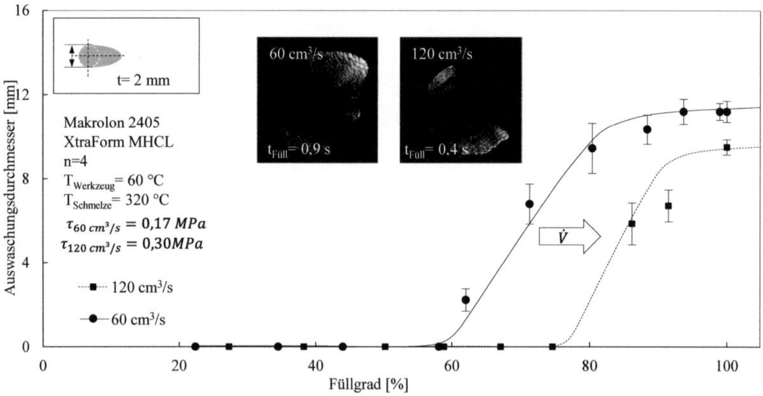

Abbildung 5.15: Dekorschädigung während der Formteilfüllung in Abhängigkeit des Einspritzvolumenstromes

5.2.2 Thermischer Einfluss auf die Dekor- und Folienschädigung

Um den thermischen Einfluss zu bewerten, wird unter Verwendung des seriennahen Versuchswerkzeuges mit einer Plattendicke von 2 mm bei konstanten Prozessbedingungen der Wärmestrom durch die Folie ins Werkzeug mithilfe von Tapelagen manipuliert (s. Abbildung 5.16 rechts). Hierzu werden 50 µm dicke Kunststofftapes aus Polypropylen (PP), eine mit Haftklebstoffen beschichtete Folie, im Angussbereich auf die Sichtseite der Trägerfolie geklebt und hinterspritzt. Bis zu vier zusätzliche Tapelagen steigern die Foliendicke um 20 % pro Lage bezogen auf die Ausgangsdicke. Höhere Foliendicken führen zu höheren Wandschubspannungen durch reduzierte Fließquerschnitte und zu höheren Folientemperaturen aufgrund eines verminderten Wärmestroms. Analog zu Abschnitt 5.1.3 und 2.3.5 führt eine Steigerung der Foliendicke um jeweils 50 µm zu einer Steigerung der Wandschubspannung um durchschnittlich 10 % und zu einer Reduzierung des spezifischen Wärmestroms um durchschnittlich 5 %. Zur Berechnung des Wärmestroms wird vereinfacht eine dickere Dekorfolie angenommen. Zudem wird eine veränderte Wärmeleitung durch Lufteinschlüsse und die Klebeschicht vernachlässigt. Es ist davon auszugehen, dass die Wärmeleitung aufgrund der Klebeschicht und den Lufteinschlüssen niedriger ist. Eine überschlägige Abschätzung ist ausreichend, da ein prinzipieller Effekt nachgewiesen werden soll. Abbildung 5.16 zeigt die Auswaschungserscheinung in Abhängigkeit der Tapelagen, den gemessenen Auswaschungsdurchmesser sowie den überschlägig berechneten spezifischen Wärmestrom sowie die Wandschubspannung.

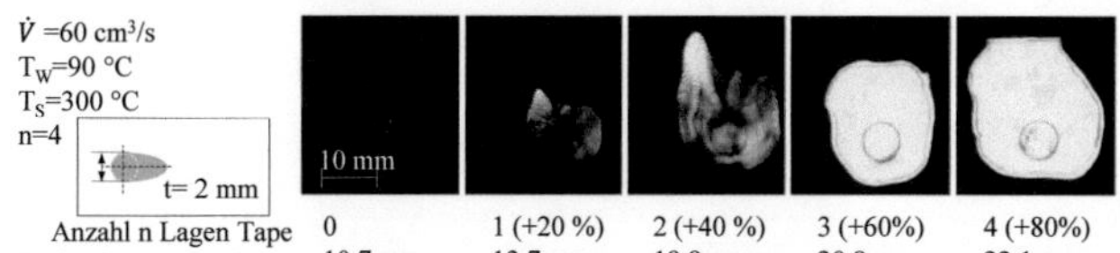

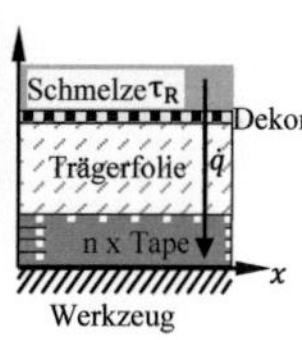

Anzahl n Lagen Tape	0	1 (+20 %)	2 (+40 %)	3 (+60%)	4 (+80%)
Breite der Auswaschung	10,7 mm	13,7 mm	19,9 mm	20,9 mm	22,1 mm
Spez. Wärmestrom	7,3 W/cm²	6,9 W/cm²	6,5 W/cm²	6,1 W/cm²	5,8 W/cm²
Wandschubspannung	0,29 MPa	0,31 MPa	0,34 MPa	0,37 MPa	0,41 MPa

Abbildung 5.16: Folien- und Dekorschädigung in Abhängigkeit der Tapelagen

Der Auswaschungsdurchmesser und die Intensität der Auswaschung nehmen mit steigender Lagenanzahl zu. Ferner wird die Dekorfolie ab 3 Tapelagen vollständig aufgeschmolzen und mit dem Schmelzestrom mitgerissen.

Bestandteile des PP-Tapes sind als Verunreinigung im fertigen Formteil erkennbar (s. Abbildung 5.17 (4)). Mit zunehmender Folienerwärmung zeigt sich zudem eine zentrale Auswaschung direkt gegenüber dem Angusspunkt.

Um den Wärmeeinfluss weiterführend zu untersuchen, wird die Auswaschung der Folien mit Tapelagen in Abhängigkeit des Füllgrades und somit der Einspritzzeit betrachtet. Zusätzlich wird der Spritzgießprozess unterbrochen, um den Einfluss einer fortschreitenden Wärmeleitung und Folienerwärmung zu bewerten. Hierzu wird nach einem Füllgrad von 80 % auf Nachdruck geschaltet. Abbildung 5.17 zeigt die Folientemperatur (rechte Ordinate) und den Einspritzdruck der Maschine (linke Ordinate) in Abhängigkeit der Einspritzzeit. Zusätzlich sind Bilder der Proben mit (unten links) und ohne Tape (unten rechts) dargestellt. Der Einspritzdruck korreliert mit dem Werkzeuginnendruck und somit mit der Wandschubspannung. Um zusätzlich die Dekorverschiebung zu betrachten, werden Folien mit Rasterdruck verwendet.

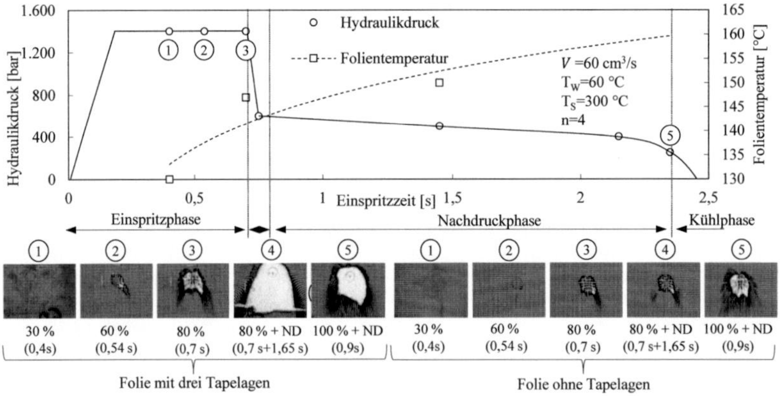

Abbildung 5.17: Hydraulikdruck und Folientemperatur in Abhängigkeit der Einspritzzeit und der Auswaschung von Folien mit drei Lagen Tape (unten links) und ohne Tape (unten rechts)

Dabei werden die folgenden Fälle betrachtet (die Nummerierung entspricht der Probenkennzeichnung in Abbildung 5.17):

1. Spritzgießzyklus nach 30 % Formteilfüllung abgebrochen
2. Spritzgießzyklus nach 60 % Formteilfüllung abgebrochen

3. Spritzgießzyklus nach 80 % Formteilfüllung abgebrochen
4. Spritzgießzyklus nach 80 % Formteilfüllung abgebrochen und Umschalten auf Nachdruck
5. Vollständiger Spritzgießzyklus inklusive Nachdruck

Fall 4 ist von besonderem Interesse, da nach dem Füllen von 80 % für ca. 1,65 s der Nachdruck mit 40 % vom Einspritzdruck wirkt. Die Schubspannung während der Nachdruckphase ist im Vergleich zur Füllphase gering. Während bei Fall 4 keine zusätzliche Dekorschädigung der Folien ohne Tapelagen erfolgt, schmilzt die Dekorfolie mit drei zusätzlichen Tapelagen vollständig auf. Dies ist auf die hohen Folientemperaturen durch eine reduzierte Wärmeleitung zurückzuführen. Eine Scherwirkung wird hierbei ausgeschlossen, da diese Schädigung nur bei den Proben mit Tapelagen in der Nachdruckphase, also unter reduziertem Druck, stattfindet.

Dieser Zusammenhang zeigt den Einfluss der Folientemperatur und die Wechselwirkung zwischen Temperatur und Schubspannung. Hohe Folientemperaturen führen aufgrund reduzierter Wärmeströme, langer Einspritzzeiten und damit verbunden einer ständigen Wärmezufuhr durch nachfließende Schmelze zu einem Aufschmelzen der Dekorfolie im Angussbereich. Die Wandschubspannung, die zu einer Folien- und Dekorschädigung führt, ist somit von der Folientemperatur abhängig. Ferner zeigt sich, dass eine mit der Foliendicke zunehmende Folienschädigung, auf eine geringere Wärmeleitung zurückzuführen ist.

5.2.3 Einfluss der Wandschubspannung und der Füllzeit auf die Auswaschung

Vom Stand der Technik aus Abschnitt 2.2.2 ist bekannt, dass die Auswaschungserscheinungen von der Wanddicke, den Temperaturen und der Einspritzgeschwindigkeit abhängen. Dabei gibt es jedoch unterschiedliche Aussagen zum Einfluss und der Korrelation dieser Parameter. Im Folgenden wird der Parametereinfluss in Abhängigkeit der Wanddicke untersucht, um einen Zusammenhang zwischen diesen Größen zu ermitteln. Abbildung 5.18 zeigt den Auswaschungsdurchmesser in Abhängigkeit der Formteildicke und der Massetemperatur bei einem Einspritzvolumenstrom von 35 cm^3/s.

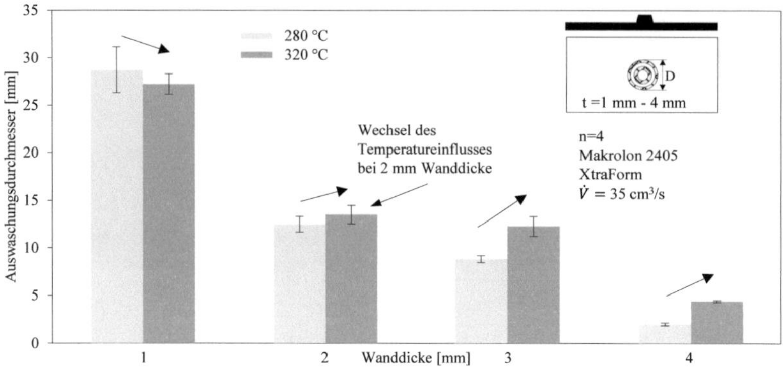

Abbildung 5.18: Auswaschung in Abhängigkeit der Wanddicke und der Schmelzetemperatur bei zentraler Anspritzung mit Kaltkanal und einem Einspritzvolumenstrom von 35 cm³/s bei PC

Steigende Formteildicken führen zu einer quadratischen Abnahme der Wandschubspannung und einer Zunahme der Einspritzzeit, wodurch die thermische Belastung der Folie steigt. Hohe Wandschubspannungen führen zu großen Auswaschungsdurchmessern. Dabei zeigt sich ein exponentieller Zusammenhang zwischen Auswaschungsdurchmesser und Formteildicke. Betrachtet man die mikroskopischen Aufnahmen der Auswaschungen in Abbildung 5.19 so wird deutlich, dass sich neben dem Auswaschungsdurchmesser auch die Ausprägung der Auswaschung ändert.

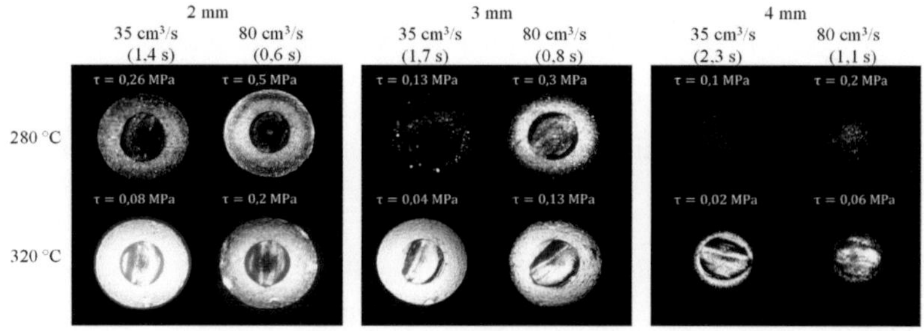

Abbildung 5.19: Mikroskopische Aufnahmen der Auswaschung in Abhängigkeit der Wanddicke, der Massetemperatur und des Einspritzvolumenstromes

Zwei konzentrische Ringe bilden sich um den Anguss bei 1 mm dicken Formteilen, während das Dekor direkt unterhalb der Düse nicht beschädigt wird (s. Abbildung 5.10). Bei einer Formteildicke von 2 mm und einer Massetemperatur von 280 °C bildet sich nur ein konzentrischer Ring um den Anguss. Ab einer Formteildicke von 3 mm wird das Dekor unterhalb der Düse beschädigt und bei höheren Temperaturen vollständig ausgewaschen. Der Einfluss der Massetemperatur auf die Auswaschung ist von der Formteildicke abhängig (s. Pfeil in Abbildung 5.18). So führen steigende Massetemperaturen bei einer Formteildicke von 1 mm zu kleineren Auswaschungsdurchmessern und ab 2 mm Formteildicke zu steigenden Auswaschungsdurchmessern. Dabei nimmt der Temperatureinfluss auf die Auswaschung ebenfalls mit der Wanddicke zu, was auf einen steigenden thermischen Einfluss aufgrund längerer Einspritzzeiten hindeutet.

Abbildung 5.20 zeigt den Auswaschungsdurchmesser in Abhängigkeit der Wanddicke bei einem Einspritzvolumenstrom von 80 cm³/s.

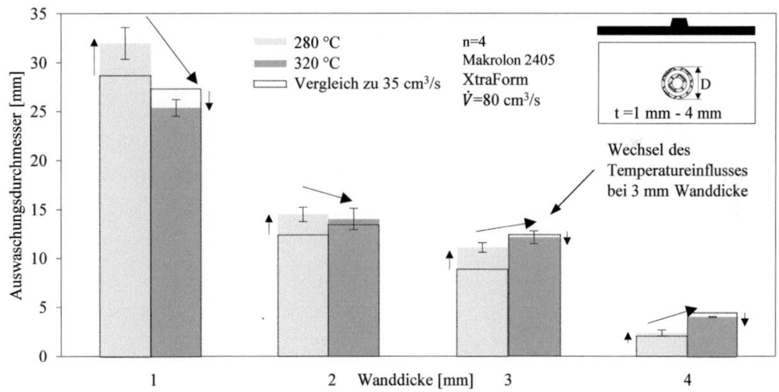

Abbildung 5.20: Auswaschung in Abhängigkeit der Wanddicke und der Schmelzetemperatur bei zentraler Anspritzung mit Kaltkanal und einem Einspritzvolumenstrom von 80 cm³/s bei PC im Vergleich zu einem Einspritzvolumenstrom von 35 cm³/s

Zum direkten Vergleich sind die Auswaschungsdurchmesser bei einem Einspritzvolumenstrom von 35 cm³/s mit einer gestrichelten Linie dargestellt. Aufgrund des höheren Einspritzvolumenstromes von 80 cm³/s nimmt die

Wandschubspannung bei einer Formteildicke von 1 mm um ca. 50 % und bei einer Formteildicke von 3 mm um ca. 40 % zu. Zudem führen hohe Einspritzvolumenströme zu einer Reduzierung der Einspritzzeit um ca. 70 %. Auch bei 80 cm^3/s Einspritzvolumenstrom ergibt sich ein direkter Zusammenhang zwischen Wanddicke und dem Auswaschungsdurchmesser. Ferner führt eine Steigerung des Einspritzvolumenstromes bei allen untersuchten Wanddicken bei einer Massetemperatur von 280 °C zu steigenden Auswaschungen, wobei dieser Einfluss mit der Wanddicke abnimmt (s. gestrichelten Pfeil in Abbildung 5.20). Ab einer Wanddicke von 4 mm liegt die Zunahme der Auswaschung im Bereich der Standardabweichung.

Steigende Massetemperaturen führen bei 80 cm^3/s Einspritzvolumenstrom bis zu einer Wanddicke von 2 mm zu niedrigeren Auswaschungen. Ab einer Formteildicke von 3 mm führen steigende Temperaturen zu höheren Auswaschungen. Während dieser Wechsel des Temperatureinflusses bei 35 cm^3/s bei einer Formteildicke von 2 mm und einer Wandschubspannung zwischen 0,26 MPa (280 °C) und 0,08 MPa (320 °C) stattfindet, findet dieser bei einem Einspritzvolumenstrom von 80 cm^3/s bei einer Formteildicke von 3 mm und einer Wandschubspannung zwischen 0,3 MPa (280 °C) und 0,13 MPa (320 °C) statt. Betrachtet man die mikroskopischen Aufnahmen, wird oberhalb der Wandschubspannung von 0,3 MPa ein erosiver Abtrag und unterhalb der Wandschubspannung von 0,08 MPa ein vollständiger Abtrag der Farbschicht, was einem lokalen Aufschmelzen gleicht, festgestellt (s. Abbildung 5.19). Dies deutet auf einen Grenzbereich der Wandschubspannungen zwischen 0,1 MPa und 0,3 MPa hin, der anhand der mikroskopischen Aufnahmen der 2 mm dicken Formteile bei einer Massetemperatur ab 320 °C deutlich wird. Die Unterschiede der Auswaschungsdurchmesser bei Einspritzvolumenströmen von 35 cm^3/s und 80 cm^3/s liegen im Bereich der Standardabweichung, qualitativ ist jedoch eine geringere Intensität der Auswaschung bei höheren Einspritzvolumenströmen erkennbar.

Zusammenfassend wird festgestellt, dass oberhalb des Grenzbereiches der mechanische Einfluss dominant ist. Höhere Temperaturen führen aufgrund einer Reduzierung der Viskosität und somit der Schubspannung zu geringeren Auswaschungen. Unterhalb dieses Grenzbereiches ist der thermische Einfluss dominant, in diesem Fall führen hohe Temperaturen zu einer hohen thermischen Belastung der Folie. Im Folgenden wird die obere Schubspannung des Grenzbereiches als kritische Wandschubspannung bezeichnet, da der mechanische Einfluss auf die Auswaschung ausschlaggebend ist. Die Betrachtungsweise der Grenzschubspannung impliziert die Folientemperatur, da hohe Schubspannungen mit einer niedrigen Schmelzetemperatur und einer kurzen Einspritzzeit einhergehen und niedrige Folientemperaturen zur Folge haben. Geringe Grenzschubspannungen folgen aus hohen Temperaturen und langen Einspritzzeiten und gehen mit einer hohen Folientemperatur einher. Aufgrund der Elastizität ist die Folie bei niedrigen Temperaturbelastungen widerstandfähiger als bei hohen, was aus dem temperaturabhängigen E-Modul folgt (s. Abbildung 5.34).

Im Folgenden soll der Zusammenhang zwischen Massetemperatur, Werkzeugwandtemperatur und Einspritzvolumenstrom näher betrachtet werden. Abbildung 5.21 zeigt den Auswaschungsdurchmesser von 1 mm und 3 mm dicken Formteilen in Abhängigkeit des Einspritzvolumenstromes zwischen 35 cm³/s und 95 cm³/s bei unterschiedlichen Masse- und Werkzeugwandtemperaturen.

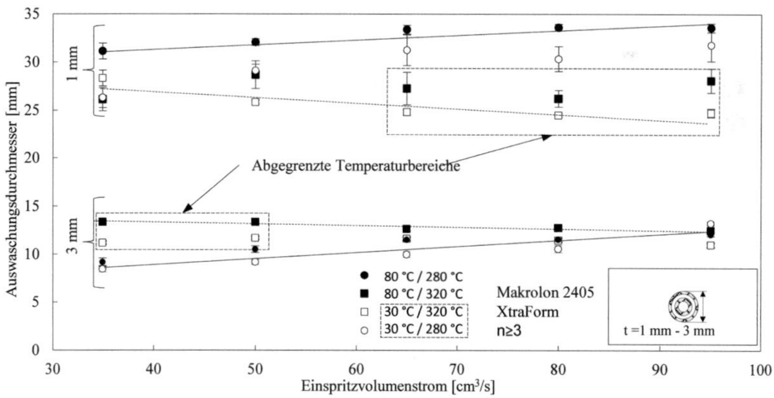

Abbildung 5.21: Auswaschungsdurchmesser in Abhängigkeit der Temperaturen und Einspritzvolumenströmen bei 1 mm und 3 mm dicken Formteilen

Während bei 1 mm dicken Formteilen die Differenz der gemessenen Auswaschungsdurchmesser mit steigendem Einspritzvolumenstrom in Abhängigkeit von der Temperatur größer wird, wird die Differenz bei 3 mm dicken Formteilen kleiner. Es zeigt sich eine Abgrenzung der Temperaturbereiche in Abhängigkeit des Einspritzvolumenstromes. Diese Abgrenzung ist bei 1 mm dicken Formteilen ab einem Einspritzvolumenstrom von 60 cm^3/s und bei 3 mm dicken Formteilen bis zu einem Einspritzvolumenstrom von 50 cm^3/s erkennbar. In Abbildung 5.21 sind diese Bereiche mithilfe eines gestrichelten Rechtecks markiert. Diese Abgrenzung ist bei Formteildicken von 1 mm auf den Einfluss der Wandschubspannung (0,7 MPa – 1,4 MPa bei 280 °C und 0,3 MPa – 0,6 MPa bei 320 °C) und bei Formteildicken von 3 mm auf den thermischen Einfluss durch die Einspritzzeit (1,7 s bei 35 cm^3/s und 0,8 s bei 80 cm^3/s bei max. 0,3 MPa) zurückzuführen.

Die Erkenntnisse lassen sich wie folgt zusammenfassen:

- Es zeigt sich ein exponentieller Zusammenhang zwischen Auswaschung und Formteildicke, die Formteildicke ist der Haupteinflussfaktor auf die Auswaschung bei PC-Werkstoffen.
- Bei Wanddicken ab 3 mm bilden sich vollflächige Auswaschungen unterhalb der Düse. Bei Wanddicken unter 2 mm bildet sich eine ringförmige Auswaschung um den Anspritzpunkt.
- Bei Massetemperaturen von 280 °C führen steigende Einspritzvolumenströme zu höheren Auswaschungen.
- Unterhalb einer Wandschubspannung von 0,1 MPa dominiert der thermische Einfluss die Auswaschung, oberhalb von 0,3 MPa der mechanische Einfluss in Form der Wandschubspannung.
- Die Simulation der Folientemperatur aus Abschnitt 5.1.2 hat gezeigt, dass die Kerntemperatur der Folie wesentlich durch die Werkzeugwandtemperatur beeinflusst wird. Steigende Werkzeugwandtemperaturen führen zu einer steigenden Folienkerntemperatur und damit zu einer höheren Elastizität der Folie. Mit der Elastizität der Folie nimmt die Widerstandskraft der Folie und des Dekores ab und die Auswaschungen zu. Somit führen hohe Werkzeugwandtemperaturen unabhängig der Formteildicke, der Massetemperatur und des Einspritzvolumenstromes zu höheren Auswaschungen.

- Ferner haben die Simulationen aus Abschnitt 5.1.2 gezeigt, dass die Schmelzetemperatur der Haupteinflussfaktor auf die Temperatur des Foliendekors ist.

5.2.4 Korrelation von Auswaschungen mit numerisch berechneten Wandschubspannungen und Temperaturen in der Grenzfläche

Im folgenden Abschnitt werden die Korrelationen von Auswaschungen mit numerisch berechneten Wandschubspannungen und Temperaturen in Abhängigkeit der Prozessparameter betrachtet. Auf dieser Basis kann der Einfluss der Werkzeugwandtemperatur auf die Wandschubspannung sowie der Einfluss der Werkzeugwandtemperatur auf die Temperatur in der Grenzschicht zwischen Folie und Substrat abgeschätzt werden. Dies ist mit einer analytischen Rechnung nicht möglich. So kann eine Abschätzung zum Einfluss der Werkzeugwandtemperatur im Vergleich zur Formteildicke und der Schmelzetemperatur getroffen werden. Zudem werden die berechneten Temperaturen und Schubspannungen mit den gemessenen Auswaschungen korreliert, um einen möglichen Zusammenhang zwischen diesen Größen aufzuzeigen.

Die Wandschubspannungen und die Temperaturen zwischen Folie und Substrat werden mit dem in Abschnitt 4.5 gezeigten Modell in MOLDEX 3D numerisch berechnet. Abbildung 5.22 zeigt die Position zur Analyse der Temperaturen und Schubspannungen zwischen Folie und Schmelze.

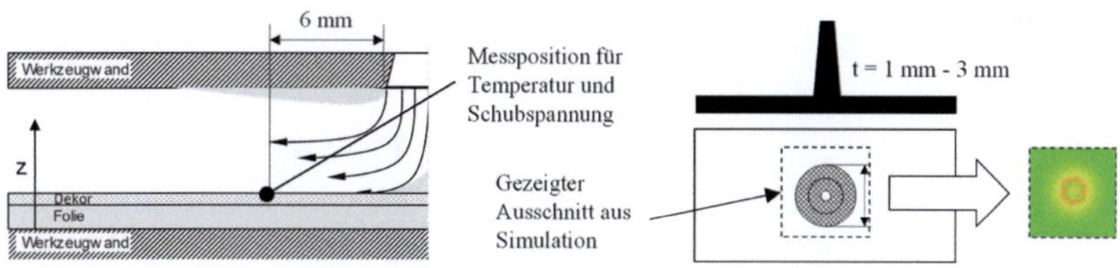

Abbildung 5.22: Messposition in Simulation (links) und gezeigter Simulationsausschnitt (rechts)

Da diese Werte von der Einspritzzeit und dem Abstand zum Anguss abhängen, erfolgt die Betrachtung zum Ende des Füllvorganges an einer Position mit einem Abstand von 6 mm zum Anguss, die im ausgewaschenen Bereich liegt.

Abbildung 5.23 zeigt den Verlauf der Wandschubspannungen und der Temperaturen im Angussbereich an 1 mm, 2 mm und 3 mm dicken Formteilen an einem exemplarischen Betriebspunkt. Neben den simulierten Temperaturen und Schubspannungen in der Grenzschicht, sind die gemessenen Auswaschungsdurchmesser anhand eines gestrichelten Kreises dargestellt.

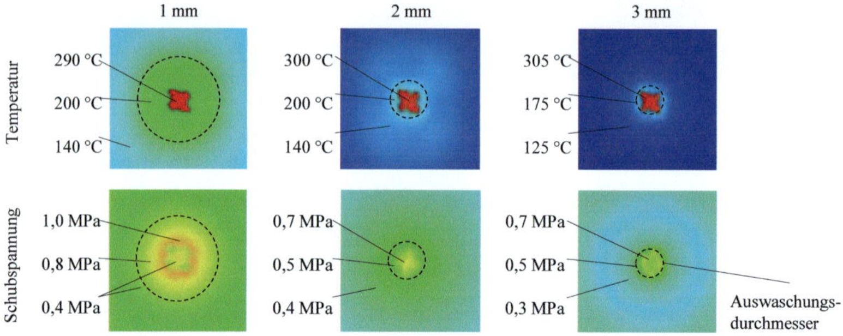

Abbildung 5.23: Mithilfe der Simulation berechnete Temperaturen und Wandschubspannungen im Angussbereich unterschiedlicher Wanddicken am Beispiel 280 °C Schmelzetemperatur, 30 °C Werkzeugwandtemperatur und 65 cm^3/s Einspritzvolumenstrom zum Ende der Formteilfüllung

Unabhängig der Formteildicke treten die höchsten Temperaturen im Angussbereich mit ca. 300 °C auf. Diese nehmen mit dem Abstand zum Anguss und der Formteildicke ab. Während Temperaturen von ca. 200 °C bei 1 mm dicken Formteilen in einem Radius von ca. 15 mm um den Anguss vorliegen, liegen diese bei einer Formteildicke von 3 mm nur in einem Radius von 5 mm vor.

Die Verteilung der Schubspannung entspricht qualitativ dem Verlauf der Auswaschung. Bei Formteildicken von 1 mm bildet sich ein ringförmiger Bereich hoher Schubspannungen um den Anguss herum aus. Dieser ringförmige Verlauf nimmt mit der Formteildicke ab. Die Betrachtung zeigt noch einmal, dass die Auswaschungen nicht allein in Bereichen hoher Temperaturen auftreten, sondern vielmehr im Bereich hoher Temperaturen und Wandschubspannungen. Dieser Zusammenhang wird auch anhand des gestrichelten Auswaschungsdurchmessers in Abbildung 5.23 deutlich.

In Abbildung 5.24 sind die maximalen Wandschubspannungen über dem gemessenen Auswaschungsdurchmesser und in Abbildung 5.25 die Temperaturen zwischen Dekor und Schmelze über dem gemessenen Auswaschungsdurchmesser zum Füllende aufgetragen.

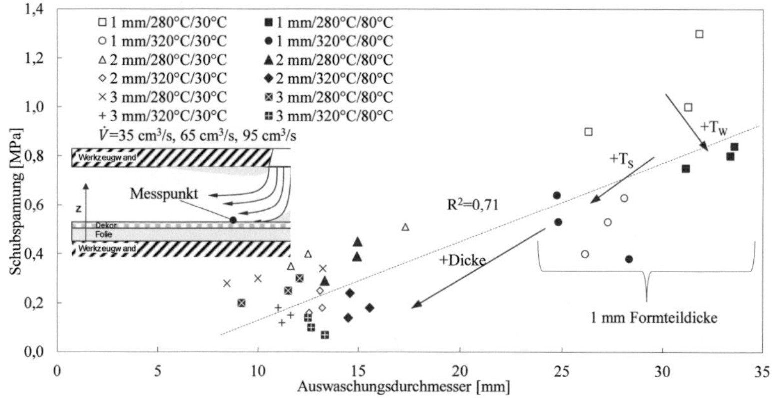

Abbildung 5.24: Simulierte Wandschubspannung 6 mm vom Anguss entfernt über dem Auswaschungsdurchmesser zum Ende der Formteilfüllung

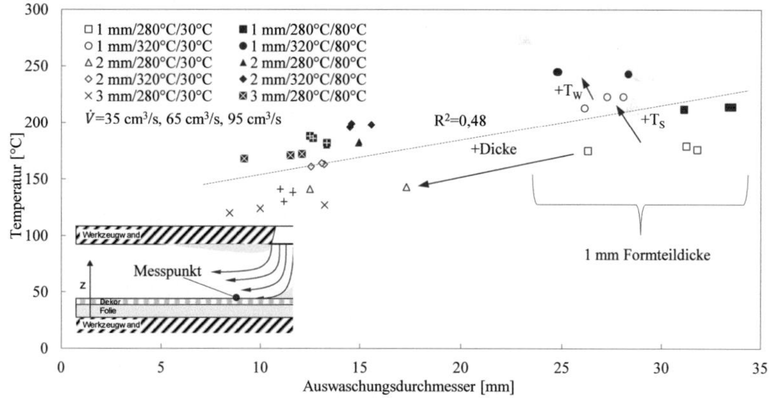

Abbildung 5.25: Simulierte Temperatur 6 mm vom Anguss entfernt über dem Auswaschungsdurchmesser zum Ende der Formteilfüllung

Betrachtet man die Korrelation der berechneten Werte mit den gemessenen Auswaschungsdurchmessern, so ergibt sich ein Bestimmtheitsmaß von 0,71 für die Schubspannungen und ein Bestimmtheitsmaß von 0,48 für die Temperaturen.

Die berechneten Wandschubspannungen liegen bei einer Formteildicke von 1 mm in einem Bereich zwischen 0,4 - 1,3 MPa, bei einer Formteildicke von 2 mm zwischen 0,14 - 0,5 MPa und bei 3 mm Dicke zwischen 0,07 - 0,34 MPa. Gerade bei dünnwandigen Formteilen von 1 mm Dicke, ist eine Reduzierung der Wandschubspannung mit den Schmelze- und Werkzeugwandtemperaturen erkennbar. Grundsätzlich zeigt sich eine gute Übereinstimmung zwischen analytisch ermittelten und mit MOLDEX 3D simulierten Wandschubspannungen.

Die Temperaturen liegen in einem Bereich zwischen 245 °C bei 1 mm dicken Formteilen und 120 °C bei 3 mm dicken Formteilen. Analog zur Wandschubspannung nehmen die Temperaturen mit der Wanddicke ab.

Nimmt man die Wanddicke als konstant an, können die Einflüsse der Werkzeugwand- und Schmelzetemperatur wie folgt zusammengefasst werden:

- Erhöhung der Schmelzetemperatur von 280 °C auf 320 °C führt zu einer Reduzierung der Schubspannung um ca. 45 % und führt zu einer Steigerung der Grenzschichttemperatur an der Folie um ca. 10 % bei 3 mm und 20 % bei 1 mm dicken Formeilen.
- Erhöhung der Werkzeugwandtemperatur von 30 °C auf 80 °C führt zu einer Reduzierung der Schubspannung um ca. 15 % und einer Erhöhung der Grenzschichttemperatur um ca. 40 % bei 3 mm und 20 % bei 1 mm dicken Formteilen.
- Erhöhung des Einspritzvolumenstromes von 35 cm^3/s auf 95 cm^3/s führt zu einer Erhöhung der Schubspannung um ca. 20 % bei 3 mm und ca. 45 % bei 1 mm dicken Formteilen und hat Auswirkungen auf die Grenzschichttemperatur von unter 5 %.

Um einen Zusammenhang zwischen den ermittelten Auswaschungsdurchmessern sowie den thermischen und mechanischen Einflüssen zu finden, werden dimensionslose Kennzahlen definiert. Diese ermöglichen einfache mathematische Operationen zwischen den Größen. Π_τ beschreibt den mechanischen Einfluss, hervorgerufen durch die Wandschubspannung. Π_T den thermischen Einfluss, hervorgerufen durch die Temperatur in der Grenzschicht. Hierfür werden die berechneten Temperaturen und Schubspannungen auf die jeweiligen kritischen Werte normiert. Die Temperaturen werden auf die Glasübergangstemperatur der Folie normiert, die den kritischen Übergang in den elastischen Bereich charakterisiert. Die Wandschubspannungen werden auf eine Schubspannung von 0,3 MPa normiert, die den Übergang in den kritischen Schubspannungsbereich charakterisiert.

Mithilfe einer Regressionsanalyse wird der folgende lineare Zusammenhang zwischen der dimensionslosen Wandschubspannung und der dimensionslosen Temperatur hergestellt:

$$D_{Auswaschung} = 8{,}29\ x\ \Pi_T + 6{,}05\ x\ \Pi_\tau \qquad \text{(Gl. 5.5)}$$

Dabei ergeben sich die Auswaschungen aus der Summe der thermischen und mechanischen Belastungen. Abbildung 5.26 zeigt die Korrelation zwischen berechneten und gemessenen Auswaschungsdurchmessern. Mit einem Bestimmtheitsmaß von 0,9 ergibt sich eine gute Übereinstimmung.

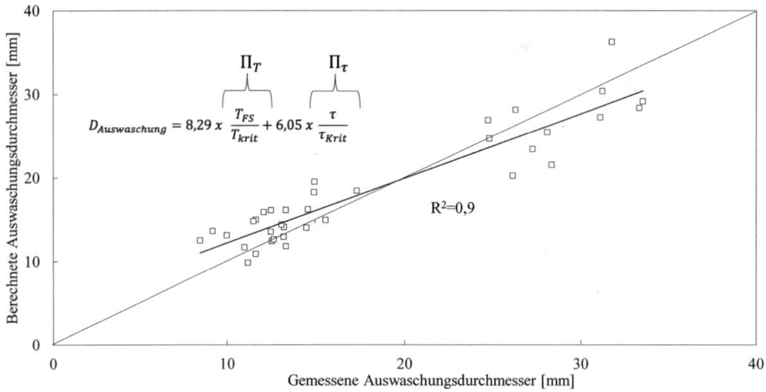

Abbildung 5.26: Korrelation der gemessenen und berechneten Auswaschung

Mit der Zielstellung, ein auswaschungsfreies Bauteil herzustellen, wird der Summand für die Schubspannung gegen Null konvergiert. In diesem Fall darf die Temperatur in der Grenzschicht 81 °C nicht überschreiten. Daran wird deutlich, dass die Grundvoraussetzung für das Vermeiden von Auswaschungen kurze Einspritzzeiten (< 0,6 s) und geringe Wandschubspannungen sind. An dieser Stelle wird darauf hingewiesen, dass der vorliegende Zusammenhang nur für den betrachteten Versuchsaufbau gilt und nicht allgemeingültig ist.

5.2.5 Untersuchung am seriennahen Plattenwerkzeug mit Nadelverschlussdüse

Zur Übertragung der Ergebnisse auf ein Werkzeug mit Serientechnik, werden der Einfluss des Einspritzvolumenstromes, Werkzeugwandtemperatur, Schmelzetemperatur und Foliendicke auf die Auswaschung anhand des seriennahen Plattenwerkzeuges mit Nadelverschlussdüse untersucht. Aufgrund der Heißkanaltechnik und der Kühlbohrungen im Werkzeug, die sich direkt unterhalb der Formplatte befinden, wird eine gleichmäßige Temperaturführung sichergestellt. Abbildung 5.27 zeigt die Auswaschungsbreite in Abhängigkeit des Einspritzvolumenstromes, der Massetemperatur und der Werkzeugwandtemperatur mit den entsprechenden Aufnahmen der Auswaschungen.

Aufgrund des dezentralen Anspritzpunktes ergeben sich asymmetrische Auswaschungen in Längs- und Querrichtung um den Anguspunkt. Dabei kann die Breite der Auswaschung (in Querrichtung) über die Messreihe hinweg als konstant angenommen werden. In Längsrichtung bilden sich einzelne Flanken der Auswaschungen, die zu einer großen Standardabweichung führen. Die Breiten der Auswaschungen liegen zwischen 9,5 mm und 14 mm. Eine Steigerung der Massetemperatur von 280 °C auf 300 °C führt infolge geringerer Viskosität zu einer Reduzierung der Auswaschungsbreite um 10 % bei einem Einspritzvolumenstrom von 30 cm^3/s und bis zu 30 % bei einem Einspritzvolumenstrom von 120 cm^3/s. Eine weitere Steigerung der Temperatur auf über 300 °C führt zu geringfügigen Abweichungen der Auswaschung innerhalb der Standardabweichung. Während die Auswaschung bei einer Massetemperatur von 280 °C und einer Schubspannung zwischen 0,3 – 0,7 MPa zunimmt, nimmt die Auswaschung ab einer Massetemperatur von 300 °C und einer Schubspannung zwischen 0,2 – 0,4 MPa mit dem Einspritzvolumenstrom ab. Dabei ergibt sich ein nahezu linearer Zusammenhang zwischen Auswaschung und Einspritzvolumenstrom mit einer Zunahme von ca. 1% je 10 cm^3/s bei 280 °C Schmelzetemperatur und einer Reduzierung von 2 % je 10 cm^3/s ab 300 °C Schmelzetemperatur. Da der maximale Einspritzdruck der Maschine bei einer Massetemperatur von 280 °C bereits bei 60 cm^3/s erreicht ist, ergeben sich große Schwankungen und Standardabweichungen, die im Wesentlichen die Maschinenregelung abbilden. Zusammenfassend ergeben sich auch hier unterschiedliche Zusammenhänge zwischen Temperatur, Einspritzvolumenstrom und Auswaschung. Bis zu einer Wandschubspannung von 0,4 MPa führen steigende Einspritzvolumenströme bei 300 °C und 320 °C zu geringeren Auswaschungen und ab 0,3 MPa führen steigende Einspritzvolumenströme bei 280 °C zu steigenden Auswaschungen. Die kritische Wandschubspannung liegt demnach bei ca. 0,4 MPa.

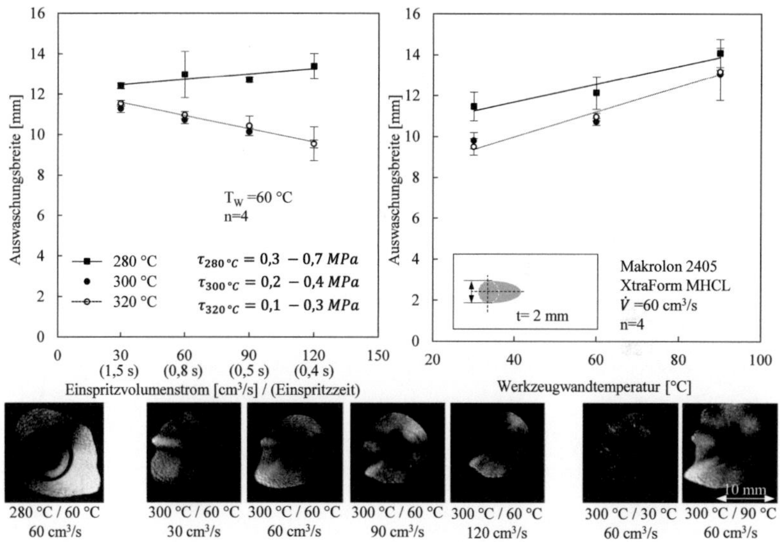

Abbildung 5.27: Auswaschung in Abhängigkeit der Prozessparameter

Auf der rechten Seite in Abbildung 5.27 ist die Auswaschung in Abhängigkeit der Werkzeugwandtemperatur dargestellt. Unabhängig des Einspritzvolumenstromes und der Massetemperatur steigen die Auswaschungsbreiten mit der Werkzeugwandtemperatur, da die Elastizität der Folie mit der Temperatur zunimmt. Zudem wird die Ausprägung der Auswaschung mit steigender

Werkzeugwandtemperatur intensiver (s. Abbildung 5.27 unten). Eine Steigerung der Werkzeugwandtemperatur von 30 °C auf 90 °C führt zu einer Steigerung der Auswaschung um ca. 40 % bei einer Massetemperatur von 300 °C bzw. 320 °C und ca. 20 % bei einer Massetemperatur von 280 °C.

Bedingt durch den asymmetrischen Verlauf der Auswaschungen erfolgt ein Vergleich der Auswaschungsgeometrie mit dem simulierten Verlauf der Schubspannungen und Temperaturen. In Abbildung 5.28 ist der Verlauf der Scherrate, der Schubspannung, der Temperatur und der Fließrichtung zum Zeitpunkt der vollständigen Formteilfüllung dargestellt.

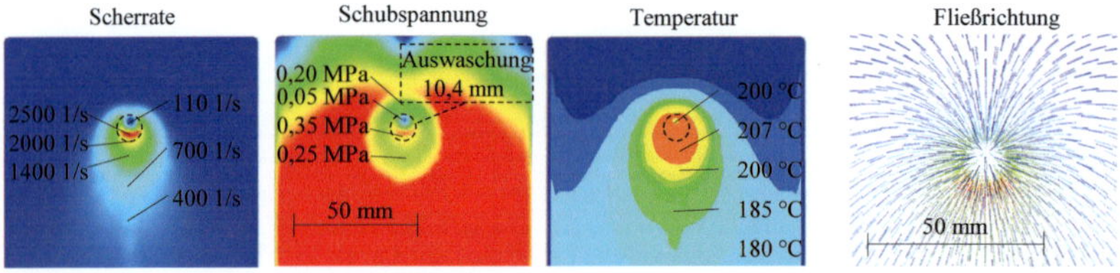

Abbildung 5.28: Simulationsergebnisse für Scherrate, Schubspannung, Temperatur und Vektoren der Fließrichtung am Beispiel 300 °C Massetemperatur, 60 °C Werkzeugwandtemperatur und 90 cm^3/s Einspritzvolumenstrom

Direkt unterhalb der Heißkanaldüse betragen die Scherraten 110 1/s und die Schubspannung 0,05 MPa. Um den Anguss herum steigen diese Werte auf eine durchschnittliche Scherraten von 1400 1/s und Schubspannungen von 0,25 MPa. Die Maximalwerte werden sichelförmig in Hauptfließrichtung mit Scherraten von bis zu 2500 1/s und Schubspannungen in Höhe von 0,35 MPa erreicht. Es zeigt sich eine gute Übereinstimmung zwischen experimentell ermittelten Auswaschungen und den berechneten Bereichen mit hohen Wandschubspannungen.

Einfluss der Foliendicke auf Dekor und Folienschädigung

Analog zum thermischen Einfluss aus Abschnitt 5.2.2 wird der Einfluss der Foliendicke auf die Auswaschung untersucht. Hierzu wird der Versuch aus Abschnitt 5.2.5 mit 375 µm dicken Folien wiederholt. Abbildung 5.29 zeigt die Auswaschungsbreite in Abhängigkeit des Einspritzvolumenstromes, der

Massetemperatur und der Werkzeugwandtemperatur mit den mikroskopischen Aufnahmen der Auswaschungen 375 µm dicker Folien.

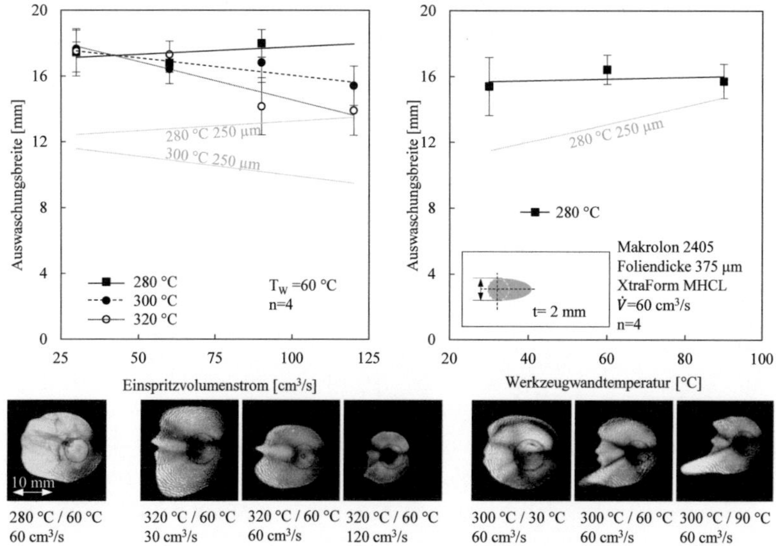

Abbildung 5.29: Auswaschungsdurchmesser in Abhängigkeit des Einspritzvolumenstromes, der Massetemperatur und der Werkzeugwandtemperatur bei 375 µm dicke Folien

Eine Steigerung der Foliendicke von 250 µm auf 375 µm führt, basierend auf einer analytischen Berechnung, zu einer Zunahme der Wandschubspannung um ca. 7 % und zu einer Abnahme des Wärmestroms um ca. 15 %. Dies ist auf den um 125 µm reduzierten Fließkanalquerschnitt und der abnehmenden Wärmeleitung mit steigender Foliendicke zurückzuführen.

Im direkten Vergleich zu 250 µm dicken Folien ergeben sich ca. 50 % größere Auswaschungen, eine Steigerung der Standardabweichungen sowie eine Zunahme der Intensität der Auswaschungen im Zentrum der Dekorschädigung (s. Abbildung 5.29 unten). Ferner ist kein eindeutiger Einfluss der Werkzeugwandtemperatur auf die Breite der Auswaschung erkennbar. Dieser Zusammenhang ist auf den reduzierten Wärmestrom durch die Folie und die höhere Grenzschichttemperatur zwischen Folie und Substrat zurückzuführen. In

Fließrichtung bilden sich bei hohen Werkzeugwandtemperaturen längliche Auswaschungen aus, die auf den Einfluss der Heißkanaldüse und auf die abnehmende Festigkeit der Folie zurückzuführen sind.

Analog zu den bisherigen Ergebnissen führt eine Steigerung des Einspritzvolumenstromes bei einer Massetemperatur von 280 °C zu höheren Auswaschungen und ab einer Massetemperatur von 300 °C zu geringeren Auswaschungen. Dabei ist eine weitere Reduzierung der Auswaschung bei einer Steigerung der Massetemperatur von 300 °C auf 320 °C erkennbar. Dies ist auf einen höheren Einfluss der Schubspannung aufgrund der höheren Grenzschichttemperaturen und den reduzierten Fließkanalquerschnitt zurückzuführen.

5.2.6 Dekor- und Folienschädigung bei PP-Verbunden und Vergleich mit PC

Um die bisherigen Erkenntnisse hinsichtlich der Übertragbarkeit auf andere Materialien zu prüfen, wird die Dekor- und Folienschädigung von PP-Folien mit einem elastischen XWR-Dekorsystem untersucht und mit den Versuchsergebnissen von PC verglichen.

Ausbildung der Dekor- und Folienschädigung während der Formteilfüllung

Abbildung 5.30 zeigt die Ausbildung der Auswaschung gegenüber dem Anguss in Abhängigkeit des Füllgrades und der Werkzeugwandtemperatur von PP sowie die mikroskopischen Aufnahmen der einzelnen Proben. Analog zu PC bildet sich die Auswaschung konzentrisch um den Angusspunkt. Bei 1 mm dicken Formteilen wird kein Dekor im Zentrum der Anspritzung abgetragen. Aufgrund der unsteten Ausbildung der Auswaschung wird nur der Auswaschungsdurchmesser sowie die Breite der Ringe vermessen (s. Abbildung 5.33). Erste Auswaschungserscheinungen bilden sich bei einem Füllgrad zwischen 20 % und 40 % und nähern sich bei ca. 80 % Formteilfüllung asymptotisch dem Endwert, bei einer Wandschubspannung von 0,27 MPa. Eine Steigerung der Werkzeugwandtemperatur auf 40 °C führt dabei zu einer durchschnittlichen Steigerung der Auswaschung um 2,8 mm, was einer Steigerung um ca. 20 % entspricht.

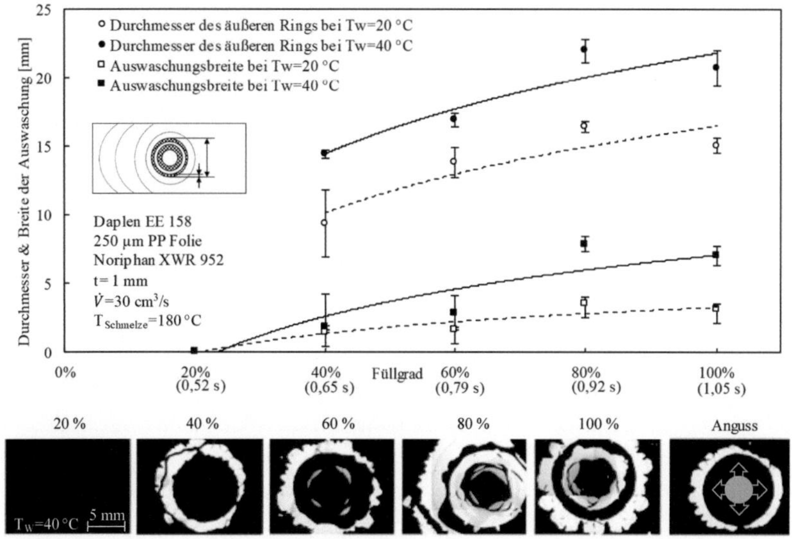

Abbildung 5.30: Ausbildung des Auswaschungsdurchmessers und der Breite der Auswaschung bei einer Plattendicke von 1 mm in Abhängigkeit des Füllgrades

Nachdem sich der äußere Ring vollständig ausgebildet hat, bricht das Dekor im Inneren des äußeren Rings auf und wird schollenartig abgetragen. Gleichzeitig nimmt der Auswaschungsdurchmesser des äußeren Rings zu.

Abbildung 5.31 zeigt ein Schliffbild des ausgewaschenen Bereiches zur Analyse der Trägerfolien- und Dekordicke. Im Gegensatz zu PC ist in den ausgewaschenen Bereichen ein vollständiger, schollenartiger Abtrag des Dekors erkennbar. In Fließrichtung bilden sich hinter den ausgewaschenen Bereichen Dekoransammlungen, welche auf dem Schliffbild durch schwarze Anhäufungen deutlich werden. Zudem ist eine Schwankung der Foliendicke um ca. 36 % in den ausgewaschenen Bereichen erkennbar, was auf eine Verformung und Beschädigung der Folie hindeutet (vgl. Abbildung 5.31).

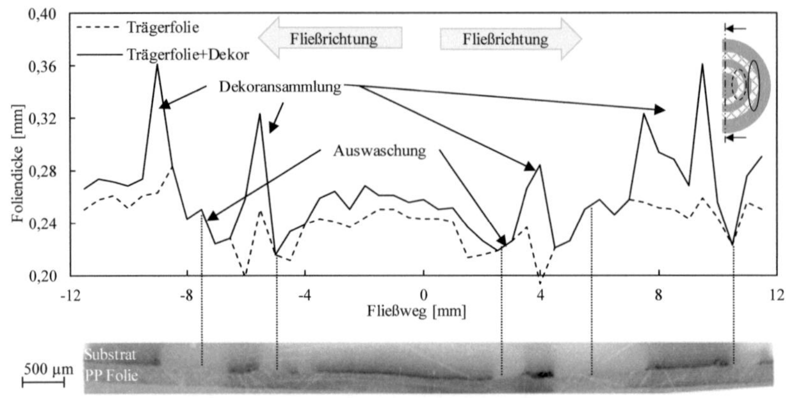

Abbildung 5.31: Schliffbild im Bereich der Auswaschung zur Analyse der Folien- und Dekordicke entlang des Fließweges von PP

<u>*Einfluss der Wandschubspannung und der Füllzeit auf die Auswaschung*</u>

Der Einfluss der Wanddicke, des Einspritzvolumenstromes und der Schmelzetemperatur auf die Auswaschung sowie die Wandschubspannung sind in Abbildung 5.32 dargestellt.

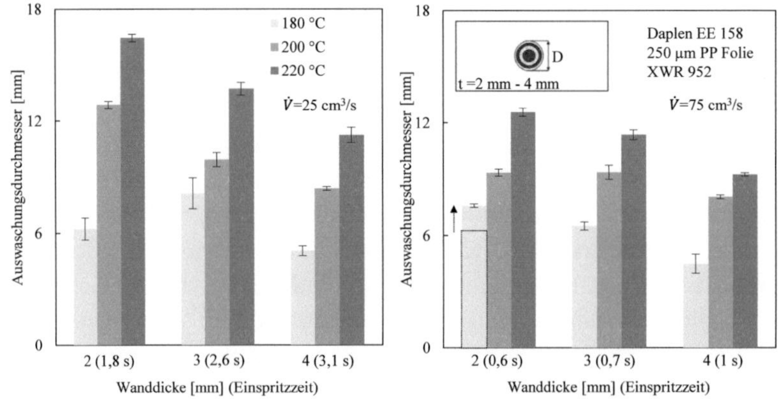

Abbildung 5.32: Auswaschung in Abhängigkeit der Wanddicke und Schmelzetemperatur bei zentraler Anspritzung mit Kaltkanal und einem Einspritzvolumenstrom von 25 cm³/s und 75 cm³/s bei PP

Dabei werden 2 mm, 3 mm und 4 mm dicke Formteile bei einer Massetemperatur von 180 °C, 200 °C und 220 °C bei einem Einspritzvolumenstrom von 25 cm^3/s und 75 cm^3/s untersucht. Die Auswaschungen nehmen mit zunehmender Wanddicke aufgrund der geringeren Wandschubspannung ab. Mit steigenden Temperaturbelastungen, aufgrund steigenden Massetemperaturen oder niedrigen Einspritzvolumenströmen, nehmen die Auswaschungen zu. Eine Erhöhung der Massetemperatur von 180 °C auf 220 °C, bei einem Einspritzvolumenstrom von 25 cm^3/s und einer Formteildicke von 2 mm, führt zu einer Steigerung der Auswaschung um 166 % und bei 4 mm dicken Formteilen und einem Einspritzvolumenstrom von 75 cm^3/s um 110 %. Hingegen führt eine Erhöhung der Formteildicke von 2 mm auf 4 mm zu einer Abnahme der Auswaschungsdurchmesser von unter 50 %. Steigende Einspritzvolumenströme führen bei 2 mm dicken Formteilen und einer Schmelzetemperatur von 180 °C zu steigenden Auswaschungen und bei Temperaturen von über 200 °C oder ab Wanddicken von 3 mm zu geringeren Auswaschungen. Dabei nimmt der Einfluss des Einspritzvolumenstromes mit steigenden Temperaturen zu. Analog zu PC kann auch bei PP eine kritische Schubspannung zwischen 0,15 MPa und 0,23 MPa festgestellt werden, ab der die Schubspannung der dominierende Einfluss ist. Unterhalb dieser Schubspannungen führen steigende Wandschubspannungen, durch steigende Einspritzvolumenströme, zu einer Reduzierung der Auswaschung. Der Schubspannungs- und Temperatureinfluss wird anhand der mikroskopischen Aufnahmen in Abbildung 5.33 deutlich.

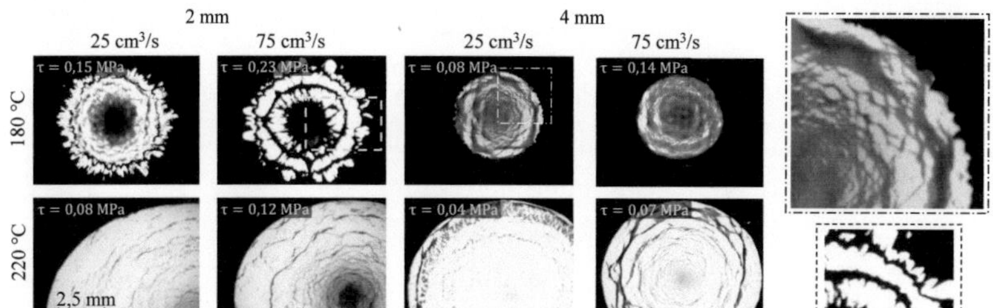

Abbildung 5.33: Mikroskopische Aufnahmen der Auswaschung in Abhängigkeit der Wanddicke, der Massetemperatur und dem Einspritzvolumenstrom vom Werkstoff PP

Bei einer Formteildicke von 2 mm, einer Massetemperatur von 180 °C und einem Einspritzvolumenstrom von 25 cm^3/s sind Schlieren und graue Verfärbungen im ausgewaschenen Bereich sichtbar, während bei 75 cm^3/s schollenartige Bereiche ausgespült werden (s. Abbildung 5.33 rechts). Betrachtet man die Auswaschungen der 4 mm dicken Formteile bei 180 °C sind bei 25 cm^3/s angeschmolzene Bereiche sichtbar, während bei 75 cm^3/s nur die Oberfläche des Dekors abgetragen wird. Aufgrund der geringen Erweichungstemperatur von PP und der niedrigen Viskosität, zeigt sich ein dominierender Temperatureinfluss auf die Auswaschung.

Vergleich der Ergebnisse mit PC

Zusammenfassend können folgende Unterschiede und Gemeinsamkeiten zwischen den Werkstoffen PC und PP auf Basis des Werkzeuges mit variabler Wanddicke und Kaltkanalanguss beobachtet werden:

- Der Entstehungsverlauf der Auswaschung verhält sich ähnlich, es bildet sich zunächst ein äußerer und anschließend ein innerer Auswaschungsring bei Wanddicken von 1 mm.
- Die Auswaschung bei PC beginnt ab einem Füllgrad von 5 % - 10 % und ist bei ca. 40 % - 60 % vollständig ausgebildet. Bei PP beginnt die Auswaschung bei 20 % - 40 % und ist bei ca. 80 % ausgebildet. Auch dies bezieht sich auf die Füllstudie bei einer Formteildicke von 1 mm.
- Bei Wanddicken von unter 2 mm sind keine Auswaschungen im Zentrum erkennbar, während sich bei Wanddicken von über 2 mm vollflächige Auswaschungen ausbilden.
- Steigende Werkzeugwandtemperaturen führen zu steigenden Auswaschungen, wobei der Einfluss bei PP höher ist.
- Erosionsartige Auswaschung bei PC mit kohäsivem Versagen in der Farbschicht und ein schollenartiges Abtragen bei PP mit adhäsivem Versagen zwischen Farbe und Substrat.
- Haupteinflussfaktor auf die Auswaschung bei PC ist die Wandschubspannung, bei PP die Temperatur.
- Foliendicke im ausgewaschenen Bereich bei PC im Bereich der Standardabweichung, bei PP werden Schwankung bis 36 % beobachtet.

- In Abhängigkeit der Wandschubspannung können steigende Einspritzvolumenströme bei beiden Materialien zu einer Steigerung oder Reduzierung der Auswaschung führen.
- Bei beiden Materialien können kritische Schubspannungen festgestellt werden.

Zur Analyse der Unterschiede erfolgt eine Betrachtung der Elastizitätsmodule der Trägerfolie in Abhängigkeit von der Temperatur sowie der Viskosität der Schmelze der eingesetzten Werkstoffe in Abbildung 5.34.

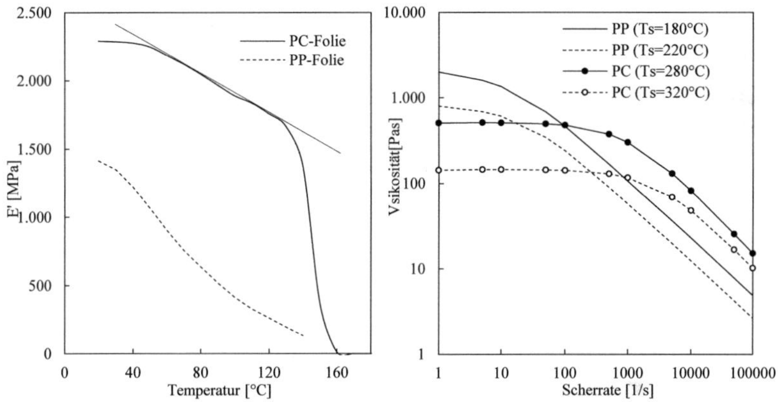

Abbildung 5.34: Vergleich des E-Moduls der Folien anhand der DMA-Analyse (links) und der Viskosität der Schmelze (rechts) von PC und PP

Während das E-Modul der PC-Folie bis zur Glasübergangstemperatur von ca. 145 °C von 2,3 MPa linear auf 1,8 MPa abnimmt, nimmt das E-Modul der PP-Folie proportional mit der Temperatur ab. Im Vergleich zu PP ist das E-Modul der PC-Folie bei Raumtemperatur ca. 70 % höher. In Abhängigkeit der Schmelzetemperatur zwischen 280 °C und 320 °C ergeben sich bei PC Viskositätsunterschiede von bis zu 260 % bei ca. 100 1/s und bis zu 60 % bei ca. 10.000 1/s. Bei PP ergeben sich Unterschiede in der Viskosität in Abhängigkeit der Schmelzetemperatur von ca. 85 %, die weitestgehend unabhängig der Schergeschwindigkeit sind. Bei höheren Scherraten von über 1.000 1/s ist die Viskosität von PP um einen Faktor 2 bis 3 geringer.

Die ringförmige Ausbildung der Auswaschung um den Anguss kann bei PC und PP beobachtet werden. Grundvoraussetzung hierfür ist ein radial verlaufender Schmelzefluss. Unabhängig der Materialien bildet sich zuerst der äußere Ring und anschließend der innere Ring. Der äußere Ring tritt direkt nach dem Einspritzen auf, während sich der innere Ring zu einem späteren Zeitpunkt bildet. Aufgrund der frühzeitigen Ausbildung und der erosionsartigen Struktur bei PC, kann der äußere Ring auf Schubspannungseffekte zurückgeführt werden und zeigt den Bereich der maximalen Schubspannung an. Aufgrund der zunehmenden thermischen Belastung im Bereich des Schmelzeeintritts, bildet sich im weiteren Einspritzverlauf ein zusätzlicher innerer Ring. Dieses Phänomen kann nur in der Kombination einer hohen Schubspannung und eines radialen Schmelzeflusses auftreten.

5.2.7 Zusammenfassen der Erkenntnisse und Ableiten einer Modellvorstellung

Die Erkenntnisse zur Entstehung der Auswaschung lassen sich wie folgt zusammenfassen:

- Hohe Wandschubspannung, durch niedrige Schmelzetemperaturen oder geringe Wanddicken, führen zu einem frühzeitigen Auftreten der ersten Auswaschungen:
    - 1 mm / 280 °C: 05 % - 10 % Füllgrad bei τ = 0,67 MPa und einer Einspritzzeit zwischen 0,1 s – 0,2 s (PC)
    - 2 mm / 280 °C: 30 % - 40 % Füllgrad bei τ = 0,48 MPa und einer Einspritzzeit zwischen 0,5 s – 0,6 s (PC)
    - 2 mm / 320 °C: 40 % - 80 % Füllgrad bei τ = 0,17 MPa und einer Einspritzzeit zwischen 0,6 s – 0,8 s (PC)
    - 1 mm / 180 °C: 20 % - 40 % Füllgrad bei τ = 0,27 MPa und einer Einspritzzeit zwischen 0,5 s – 0,7 s (PP)
- Niedrige Werkzeugwandtemperaturen führen zu einem verzögerten Auftreten erster Auswaschungserscheinungen, dieser Einfluss ist bei niedrigen Wandschubspannungen erhöht:
    - 1 mm / 280 °C / 40 °C → 80 °C: gleicher Verlauf, 10 % Diff. (PC)
    - 2 mm / 280 °C / 30 °C → 90 °C: ca. 5 % früheres Auftreten, 22 % Diff. (PC)

  - 2 mm / 320 °C / 30 °C → 90 °C: ca. 20 % früheres Auftreten, 26 % Diff. (PC)
  - 1 mm / 180 °C / 20 °C → 40 °C: Gleicher Verlauf, 20 % Diff. (PP)
- Steigende Einspritzvolumenströme bei hohen Schmelzetemperaturen und niedrigen Schubspannungen führen zu einem verzögerten Auftreten erster Auswaschungserscheinungen.
- Ringförmige Auswaschungen bei Wanddicken ≤ 2 mm konzentrisch um den Anguss, ohne Auswaschung im Zentrum und vollständige Auswaschung bei Wanddicken > 2 mm.
- Grenzbereich der Wandschubspannungen zwischen 0,1 MPa und 0,3 MPa bei Werkzeug mit variabler Wanddicke und zwischen 0,3 MPa und 0,4 MPa beim seriennahen Plattenwerkzeug.
- Bei 1 mm dicken Formteilen bildet sich zunächst ein äußerer Auswaschungsring und anschließend ein innerer Auswaschungsring.
- Die Füllstudien mit dem Plattenwerkzeug mit Nadelverschlussdüse haben gezeigt, dass sich bei einer langen Einspritzzeit (EZ = 2,1 s) ebenfalls eine vollflächige Auswaschung gegenüber dem Anguss aufgrund der thermischen Belastung ausbildet.

Abbildung 5.35 fasst die Erkenntnisse zur Entstehung der Auswaschung in Abhängigkeit der Wandschubspannung und der Einspritzzeit zusammen.

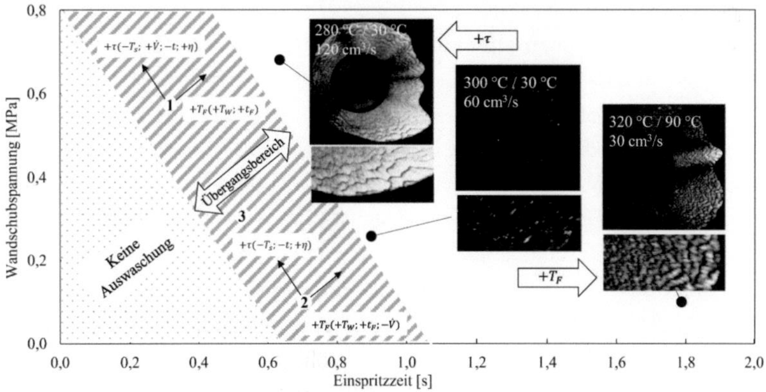

Abbildung 5.35: Entstehung der Auswaschung in Abhängigkeit der Schubspannung und Einspritzzeit

In Abhängigkeit der Einspritzzeit, die den thermischen Einfluss charakterisiert, und der Wandschubspannung, ergeben sich Bereiche mit und ohne Auswaschung. Erste Auswaschungen entstehen im Übergangsbereich, der beispielsweise durch die Werkzeugwandtemperatur verschoben werden kann. Auswaschungen sind die Folge einer hohen Wandschubspannung und/ oder einer zu hohen thermischen Belastung. Hohe Wandschubspannungen (Bereich ①) führen zu einem frühzeitigen erosiven bzw. abrasiven Versagen der Dekorschicht und gehen meist mit dünnen Fließkanalquerschnitten oder einer hohen Viskosität der Schmelze einher. Hohe thermische Belastungen (Bereich ②) der Folie aufgrund langer Einspritzzeiten, langer Fließwege und hoher Werkzeugwandtemperaturen führen zu einer Folienerwärmung und einer Erweichung der Folie. Zwischen diesen Bereichen (Bereich ③) befindet sich ein Übergangsbereich, der eine Überlagerung der Einflüsse darstellt und somit keine genaue Angabe ermöglicht. Um die Bereiche abzugrenzen, wird die kritische Wandschubspannung eingeführt. Oberhalb dieser Wandschubspannung (Bereich ①) dominieren Schubspannungseffekte und unterhalb (Bereich ②) thermische Effekte.

Eine klare Abgrenzung der Bereiche ist nicht möglich, da diese immer gemeinsam auftreten und die kritische Wandschubspannung von der Folientemperatur und dem E-Modul der Folie abhängt. Das in dieser Arbeit verwendete HTRN-Farbsystem besteht aus einer PC-Matrix, die eine höhere Temperaturbeständigkeit aufweist als die Trägerfolie. Im Gegensatz hierzu basiert das XWR-Farbsystem auf einem thermoplastischen Elastomer mit einer temperaturabhängigen Elastizität. Unter der Annahme, dass Folie und Dekor unterhalb der kritischen Temperatur ein sprödes energieelastisches Verhalten und oberhalb ein weiches entropieelastisches Verhalten aufweisen, ergeben sich zwei Fälle für die Farbsysteme (vgl. Abbildung 2.21). Aufgrund der Verbindung zwischen Folie und Dekor und der vergleichsweise niedrigen Dekordicke von 10 µm im Verhätnis zur Foliendicke von 250 µm, wird das Dekor als Folienbestandteil mit der gleichen Temperatur betrachtet. Die kritische Folientemperatur entspricht bei amorphen Materialien dem Überschreiten der Glasübergangstemperatur. Da die Temperaturen über die Foliendicke nicht konstant sind, wird der Begriff einer kritischen Temperatur verwendet. Abbildung 5.36 zeigt die Auswaschungsmechanismen am Beispiel einer PC-Folie mit duktilem Dekor und einer PP-Folie mit elastischem Dekor mit einer Folientemperatur jeweils unterhalb und oberhalb der kritischen Temperatur.

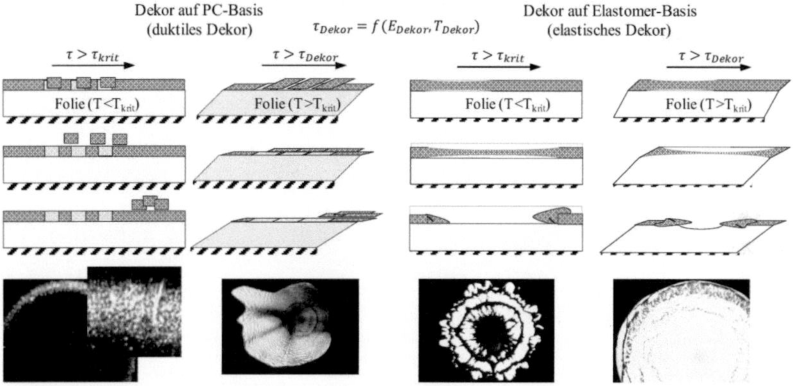

Abbildung 5.36: Auswaschungsmechanismen in Abhängigkeit des Dekormaterials und der Temperatur

Hohe Wandschubspannungen zu Beginn des Einspritzens führen zu erosionsartigen Auswaschungen bei duktilen Dekoren. Bei elastischen Dekoren wird das gesamte Dekor bis zum Aufreißen gedehnt. Werden Bereiche der Folie infolge der Wärmeleitung über die Glasübergangstemperatur erhitzt, verliert diese die Formstabilität und das Dekor wird mit dem Schmelzestrom schollenartig verschoben, es ergibt sich ein Schuppenmuster. Dabei wird das Dekor durch die Schubspannung der Schmelze gedehnt und in Schmelzerichtung abgelegt. Da während des Einspritzens transiente Temperaturen und Schubspannungen vorliegen und die Phasenübergänge im Kunststoff nicht schlagartig erfolgen sondern in Grenzen stattfinden, ist eine trennscharfe Abgrenzung zwischen den Fällen nicht möglich.

Die Ausbildung der Auswaschung im Fließkanal in Abhängigkeit des Fließkanalquerschnittes und des Angussdurchmessers ist in Abbildung 5.37 dargestellt.

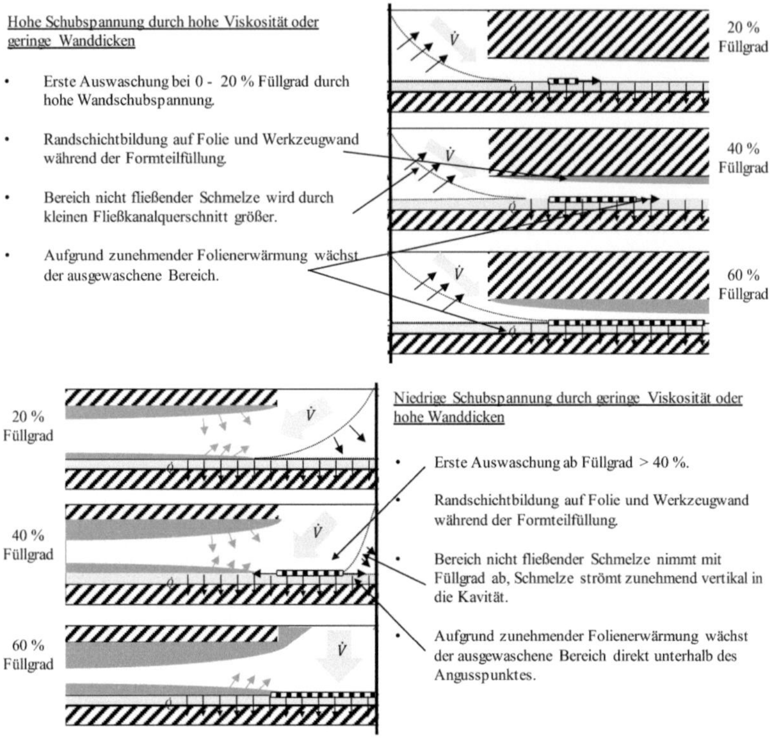

Abbildung 5.37: Modell zur Entstehung von Auswaschungen

Direkt unterhalb des Angusspunktes bildet sich ein Bereich nicht fließender Schmelze, in dem aufgrund der geringen Schubspannungen und Scherungen keine Auswaschungen auftreten. In Abhängigkeit der geometrischen Verhältnisse zwischen Fließkanal und Anguss kann sich dieser Bereich jedoch verschieben.

Abschließend werden die Erkenntnisse durch einfache Schaubilder in Abbildung 5.38 zusammengefasst. Grundsätzlich wird die Auswaschung durch übergeordnete Randbedingungen wie beispielsweise die Foliendicke, die Formteilgeometrie bzw. Wanddicke und dem Material bestimmt. Niedrige Wanddicken und hohe Viskositäten führen zu hohen Auswaschungen, während dünne Folien und niedrige Füllvolumen bzw. kurze Fließwege aufgrund einer geringeren thermischen Belastung zu weniger Auswaschungen führen. Die Grenzbereiche der Wandschubspannungen liegen beim Werkzeug mit variabler Wanddicke zwischen 0,1 – 0,3 MPa und beim seriennahen Plattenwerkzeug zwischen 0,3-0,4 MPa.

Der Grenzbereich liegt also zwischen 0,1 MPa und 0,4 MPa. Für die Beschreibung des Parametereinflusses werden drei Fälle unterschieden:

①: Im Falle der hohen Schubspannung (> 0,4 MPa) führt jede weitere Zunahme der Wandschubspannung, beispielsweise durch steigende Einspritzvolumenströme oder niedrigere Massetemperaturen, zu einer Zunahme der Auswaschung.

②: Unterhalb des Übergangsbereiches (< 0,1 MPa) ist der thermische Einfluss maßgebend, niedrige Temperaturen und hohe Einspritzvolumenströme führen zu geringen Auswaschungen, da die Temperaturbelastung abnimmt.

③: Oberhalb und unterhalb der kritischen Wandschubspannung ergibt sich ein Übergangsbereich, der eine Überlagerung der Einflüsse darstellt und somit keine genaue Angabe ermöglicht.

Hohe Werkzeugwandtemperaturen führen zu einem abnehmenden E-Modul der Folie, aufgrund der höheren Folientemperaturen, und infolge zu geringeren zulässigen Schubspannung. Zur Vermeidung der Auswaschungen sollten diese möglichst gering gewählt werden. Unter der Voraussetzung korrekter Umschaltpunkte konnte kein Einfluss des Nachdrucks festgestellt werden, da dieser nur zur Schwindungskompensation dient. An dieser Stelle sei darauf verwiesen, dass die Betrachtungsweise der Grenzschubspannung nur als Erklärungsmodell dient. Die Schubspannungen hängen wesentlich von der Formteilgeometrie und der Angussgestaltung ab. Auch die beobachtete Ringbildung um den Anguss hängt wesentlich von der Angussgeometrie ab und tritt nicht generell bei dünnwandigen Formteilen auf.

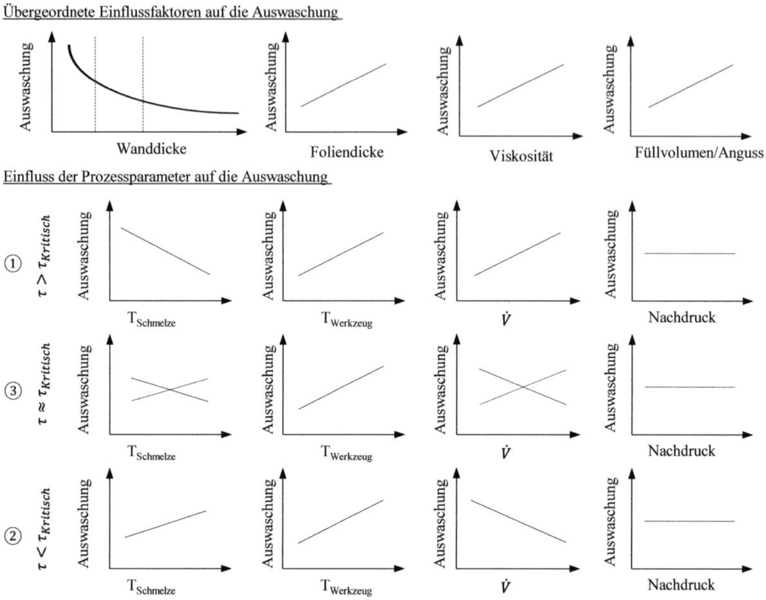

Abbildung 5.38: Haupteinflussfaktoren auf die Auswaschung

5.3 Verbundfestigkeit zwischen Substrat und Dekor

Grundlegende Erkenntnisse zur Verbundfestigkeit zwischen Folie und Substrat werden durch die Untersuchung von unbedruckten Folien mithilfe eines vollfaktoriellen Versuchsplanes gewonnen. Darauf aufbauend wird die Verbundfestigkeit in Abhängigkeit der Formteildicke im und außerhalb des Angussbereiches betrachtet. Zusätzlich wird der Einfluss der Prozessparameter auf die Verbundfestigkeit am seriennahen Plattenwerkzeug untersucht. Abschließend erfolgt eine Betrachtung der Verbundfestigkeit in Abhängigkeit der Materialpaarung.

5.3.1 Haupteinflussfaktoren auf die Verbundfestigkeit unbedruckter Folien

Die Haupteinflussfaktoren auf die Verbundfestigkeit unbedruckter Folien werden mithilfe des in Abschnitt 4.3.3 vorgestellten vollfaktoriellen Versuchsplanes unter Berücksichtigung der Foliendicke, des Substratmateriales, der Massetemperatur, der Werkzeugwandtemperatur und des Nachdruckes untersucht. Abbildung 5.39 zeigt das Pareto-Diagramm mit den Haupteinflussfaktoren auf die Verbundfestigkeit bis zur Korrelation zweiten Grades zwischen den Faktoren. Die Balken der Haupteffekte werden grau eingefärbt, die Balken der Wechselwirkungen weiß. Der standardisierte Effekt, der im Folgenden als Effekt bezeichnet wird, gibt den Einfluss des jeweiligen Faktors auf die Verbundfestigkeit an. Wird die Referenzlinie überschritten, sind die Effekte statistisch signifikant.

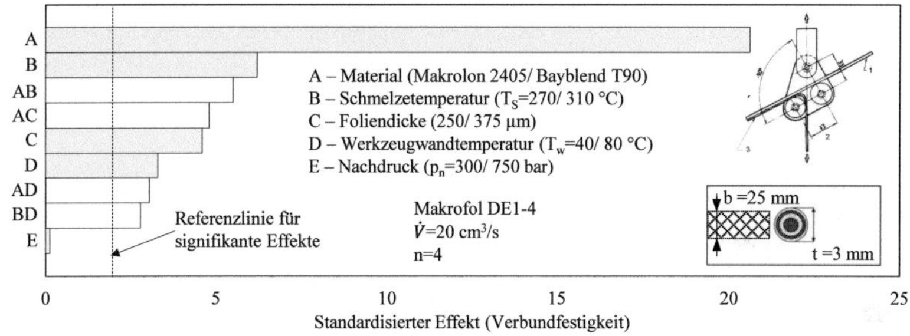

Abbildung 5.39: Paretodiagramm der standardisierten Effekte mit Haupteinflussfaktoren auf die Verbundfestigkeit

Mit einem Effekt von 20,6 hat das Material (Faktor A) den größten Einfluss auf die Verbundfestigkeit. Ferner hat die Temperatur einen signifikanten Einfluss mit einem Effekt der Massetemperatur (Faktor B) von 6,2, der Foliendicke (Faktor C) von 4,6 sowie der Werkzeugwandtemperatur (Faktor D) von 3,3. Mit einem Effekt von 0,13 hat der Nachdruck (Faktor E) keinen signifikanten Einfluss auf die Verbundfestigkeit.

Das in Abbildung 5.40 gezeigte Haupteffektediagramm verdeutlicht den Einfluss der einzelnen Parameter und zeigt den signifikanten Materialeinfluss, mit einer durchschnittlichen Verbundfestigkeit der Materialpaarung PC/PC von 6,8 N/mm bei 375 µm dicken Folien sowie 4,45 N/mm bei 250 µm dicken Folien. Die durchschnittliche Verbundfestigkeit bei PC/ABS beträgt 0,63 N/mm.

Zusätzlich wird deutlich, dass die Wechselwirkungen zwischen den Einflussfaktoren einen signifikanten Einfluss auf die Verbundfestigkeit haben. Hohe Temperaturen in der Grenzschicht durch hohe Schmelzetemperaturen (AB), dicke Folien (AC) oder einer hohen Werkzeugwandtemperatur führen zu einer Steigerung der Verbundfestigkeit bei PC, haben jedoch keinen signifikanten Einfluss auf die Verbundfestigkeit von PC/ABS. Eine weitere signifikante Wechselwirkung zeigt sich zwischen der Massetemperatur und der Werkzeugwandtemperatur. Eine Steigerung der Massetemperatur von 270 °C auf 310 °C bei einer Werkzeugwandtemperatur von 40 °C führt zu einer Steigerung der Verbundfestigkeit um ca. 90 %, hat jedoch keinen Einfluss bei einer Werkzeugwandtemperatur von 80 °C. Umgekehrt führt eine Steigerung der Werkzeugwandtemperatur von 40 °C auf 80 °C zu einer durchschnittlichen Zunahme der Verbundfestigkeit bei einer Massetemperatur von 270 °C von 140 % aber nur von 26 % bei einer Massetemperatur von 310 °C.

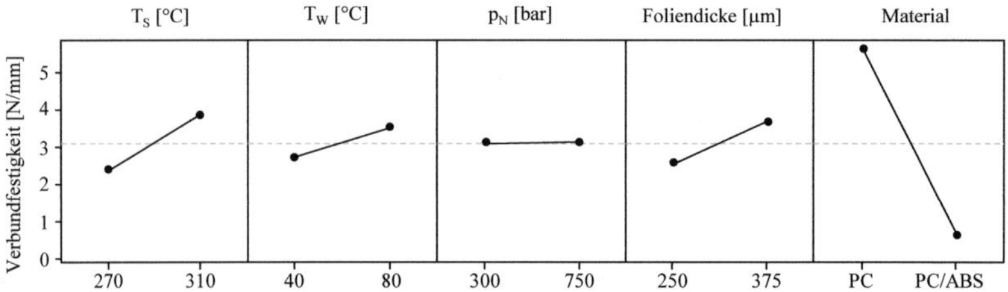

Abbildung 5.40: Haupteffektediagramm für Verbundfestigkeit unbedruckter hinterspritzter Folien

Zusammenfassend wird das Grundniveau der Verbundfestigkeit unbedruckter Folien durch die Materialkombination bestimmt. Bei einer Materialpaarung von PC/PC führen hohe Temperaturen bis zu einem gewissen Temperaturniveau zu einer Steigerung der Verbundfestigkeit. Ist dieses Niveau erreicht, führt eine weitere Erhöhung der Temperatur zu keiner weiteren Zunahme der Verbundfestigkeit.

5.3.2 Untersuchung der Verbundfestigkeit von dekorierten Folien in Abhängigkeit der Wanddicke sowie der Schmelze- und der Werkzeugwandtemperatur

Analog zu den Untersuchungen in Abschnitt 5.2.3 wird die Verbundfestigkeit in Abhängigkeit der Formteildicke, der Werkzeugwand- und der Schmelzetemperaturen von 250 µm dicken PC-Folien mit einer Dekorschicht bestehend aus 2 x HTR N untersucht. Der Schälwiderstand in Abhängigkeit des Traversenwegs einer 1 mm und 3 mm dicken Platte ist in Abbildung 5.41 gezeigt.

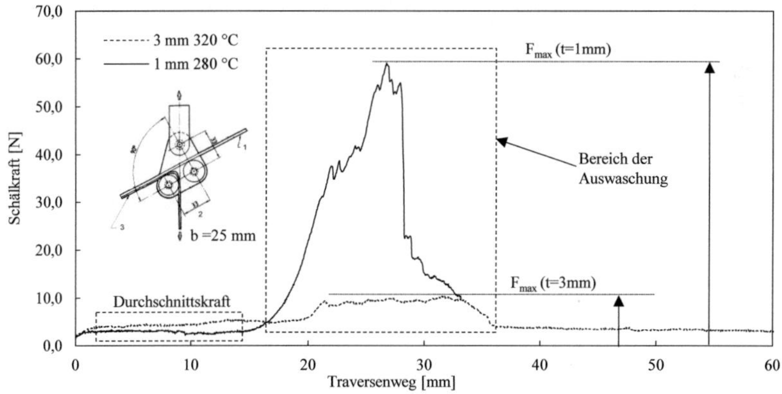

Abbildung 5.41: Verlauf des Schälwiderstandes in Abhängigkeit des Traversenweges bei 1 mm und 3 mm dicken Formteilen

Der Schälwiderstand nimmt bis zu einem Traversenweg von ca. 5 mm zu und erreicht ein konstantes Niveau. Im Bereich der Auswaschung kommt es zu einer Zunahme des Schälwiderstandes auf bis zu über 80 N, was einer Verbundfestigkeit von ca. 3,2 N/mm entspricht und im Bereich der Festigkeit von unbedruckten Folien liegt. Aufgrund des hohen Schälwiderstandes reißen die Folien bei einer Formteildicke von 1 mm in diesem Bereich oftmals ein, was zu einem Abbruch der Messung führt. Bei allen Proben haftet das Dekor nach dem Abschälen auf der Folien- und Trägeroberfläche.

Abbildung 5.42 zeigt die durchschnittlichen Schälkräfte von 2 mm und 3 mm dicken Formteilen in Abhängigkeit der Schmelze- und Werkzeugwandtemperatur. Die durchschnittliche Schälkraft beträgt bei 2 mm dicken Formteilen

3,86 N und bei 3 mm dicken Formteilen 3,12 N bei einer Breite der Proben von 25 mm. Aufgrund der geringen Abzugskräfte wird im Folgenden die gesamte Schälkraft angegeben und die Verbundfestigkeit nicht auf 1 mm Breite normiert.

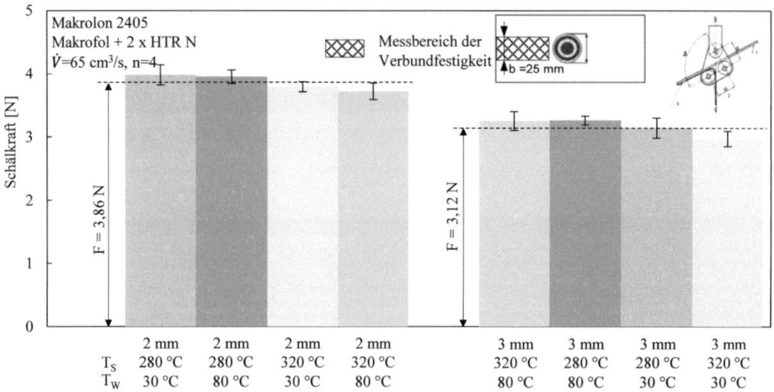

Abbildung 5.42: Schälkraft außerhalb des Angussbereiches von 2 mm und 3 mm dicken Formteilen in Abhängigkeit der Werkzeugwand- und Schmelzetemperatur

Die maximale Schälkraft bei 2 mm dicken Formteilen ergibt sich bei einer Massetemperatur von 280 °C und einer Werkzeugwandtemperatur von 30 °C mit 3,98 N und liegt ca. 3 % über der durchschnittlichen Verbundfestigkeit. Die niedrigste Verbundfestigkeit ergibt sich bei einer Massetemperatur von 320 °C und einer Werkzeugwandtemperatur von 80 °C mit 3,72 N und liegt 4 % unterhalb der durchschnittlichen Verbundfestigkeit. Mit einer Standardabweichung von durchschnittlich 0,12 N, also einer Abweichung von 3 %, liegt der Einfluss der Prozessparameter innerhalb der Standardabweichung. Auch bei 3 mm dicken Formteilen liegt der Parametereinfluss im Bereich der Standardabweichung. Die maximale Verbundfestigkeit ergibt sich unabhängig der Schmelzetemperatur bei einer Werkzeugwandtemperatur von 80 °C. Mit einer durchschnittlichen Schälkraft von 3,12 N bei 3 mm dicken Formteilen, ist die Schälkraft ca. 20 % geringer im Vergleich zu den Versuchen mit Formteildicken von 2 mm. Hier könnte der von [SaH99] angeführte Effekt zum Tragen kommen, dass die Anzahl der Verschlaufungen in der

Grenzschicht von Bindenähten mit der Dauer bis zur Erstarrung aufgrund der Relaxation in der Schmelze abnehmen.

Abbildung 5.43 zeigt die maximale Schälkraft im Angussbereich. Diese beträgt bei 1 mm dicken Formteilen 36 N - 74 N. Bei einer Formteildicke von 2 mm und 3 mm werden maximale Schälkräfte von 6,2 N - 14 N erreicht. Dabei korrelieren die Maximalwerte mit den maximalen Auswaschungsdurchmessern. Diese liegen bei 1 mm dicken Formteilen bei niedrigen Massetemperaturen, aufgrund der hohen Scherwirkung in Kombination mit einer hohen Werkzeugwandtemperatur, vor. Bei 2 mm und 3 mm dicken Formteilen treten diese bei einer hohen Temperaturwirkung (320 °C Schmelzetemperatur, 80 °C Werkzeugwandtemperatur) auf. Eine detaillierte Auswertung bringt aufgrund der hohen Schwankungen keine weiteren Erkenntnisse. Zusammenfassend zeigt sich, dass die Verbundfestigkeit dekorierter Folien mit der Formteildicke abnimmt und dass der Einfluss der Prozessparameter im Bereich der Standardabweichung liegt.

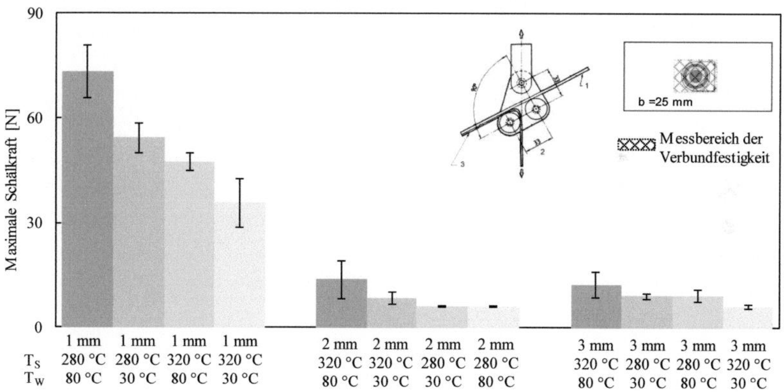

Abbildung 5.43: Schälkraft im Bereich der Auswaschung von 1mm, 2 mm und 3 mm dicken Formteilen in Abhängigkeit der Werkzeugwand- und Schmelzetemperatur

5.3.3 Untersuchung am seriennahen Plattenwerkzeug mit Nadelverschlussdüse

Der Einfluss der Prozessparameter wird zusätzlich anhand des seriennahen Plattenwerkzeugs untersucht. Abbildung 5.44 zeigt den Einfluss des Einspritzvolumenstromes, der Werkzeugwandtemperatur sowie der Schmelzetemperatur auf die Schälkraft. Die durchschnittliche Schälkraft beträgt 3,87 N bezogen auf eine Probenbreite von 25 mm und entspricht den Ergebnissen der Schälkraft der 2 mm dicken Formteile auf Basis des Werkzeuges mit variabler Wanddicke. Auch der Einfluss der Prozessparameter liegt, bis auf den Einspritzvolumenstrom von 30 cm³/s, innerhalb der Standardabweichung von durchschnittlich ± 0,3 N.

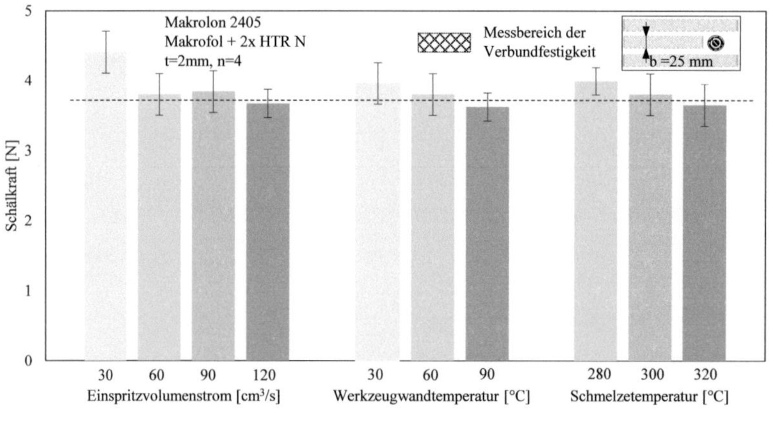

Abbildung 5.44: Einfluss des Einspritzvolumenstromes, der Werkzeugwandtemperatur und der Schmelzetemperatur auf die Verbundfestigkeit

Die maximale Verbundfestigkeit wird bei einem Einspritzvolumenstrom von 30 cm³/s mit 4,41 N und die minimal Verbundfestigkeit bei einer Werkzeugwandtemperatur von 90 °C mit 3,62 N erreicht. Dies entspricht einer Differenz von maximal 13 % und einer Reduzierung um 8 % bezogen auf die durchschnittliche Verbundfestigkeit. Hohe Verbundfestigkeiten ergeben sich bei niedrigen Werkzeugwand- und Schmelzetemperaturen und niedrigen Einspritzvolumenströmen. So führt eine Steigerung des Einspritzvolumenstromes von 30 cm³/s auf 120 cm³/s zu einer Reduzierung der Schälkraft um 17%

und eine Steigerung der Werkzeugwandtemperatur von 30 °C auf 90 °C sowie eine Steigerung der Schmelzetemperatur von 280 °C auf 320 °C zu einer Reduzierung von 9 %. Zusammenfassend führt eine lange Einwirkzeit der Schmelze durch langsame Einspritzvolumenströme und niedrige Temperaturen zu einer hohen Verbundfestigkeit.

Der Einfluss des Einspritzvolumenstromes zeigt sich auch beim Verlauf der Schälkraft in Abhängigkeit des Traversenweges und im übertragenen Sinn beim Fließweg. Abbildung 5.45 zeigt die Schälkraft entlang des Traversenweges einer Probe aus dem Angussbereich (durchgezogene Linie) und außerhalb des Angussbereiches (Strichlinie). Im Bereich der Einspannung nimmt die Verbundfestigkeit gleichmäßig bis zum Durchschnittswert zu. Im Bereich des Angusses und der Auswaschung steigt die Verbundfestigkeit an, da hier teilweise ein reiner Stoffverbund ohne Dekor vorliegt. Ferner ist auffällig, dass die Verbundfestigkeit der Probe außerhalb des Angussbereichs ab einem Traversenweg von ca. 100 mm abnimmt.

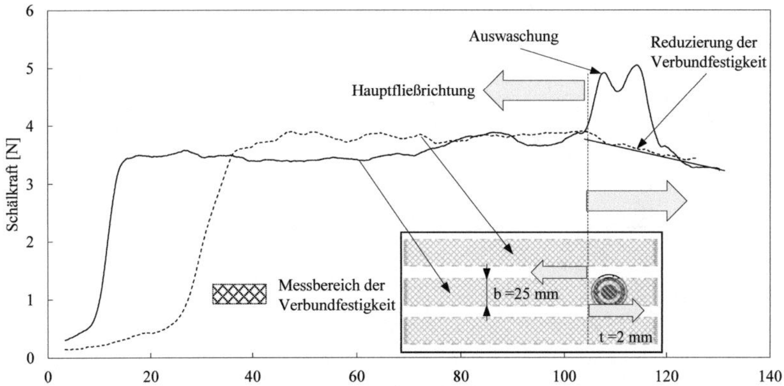

Abbildung 5.45: Verbundfestigkeit in Abhängigkeit des Traversenwegs einer Zugprüfung im Angussbereich und außerhalb des Angussbereiches

Analog zur Simulation des Schmelzeflusses aus Abbildung 5.28 ergibt sich die Hauptfließrichtung in Längsrichtung des Formteils. Dies führt zu einer längeren Kontaktzeit der Schmelze mit der Folienoberfläche in Hauptfließrichtung. Entgegengesetzt der Hauptfließrichtung reduziert sich die Schälkraft, aufgrund einer kürzeren Kontaktzeit der Schmelze mit der Folienoberfläche.

Im Stand der Technik gibt es unterschiedliche Aussagen zum Zusammenhang zwischen Verbundfestigkeit und Einspritzvolumenstrom. [Hae12] führte eine abnehmende Verbundfestigkeit auf eine Behinderung der Brownschen Molekularbewegung durch den Druck zurück, während [LeH08] feststellte, dass geringe Einspritzvolumenströme zu einem lokalen Aufschmelzen der Folie und einer Ausbildung erster Verschlaufungen führen, die infolge des Schmelzeflusses wieder gelöst werden. Es wird vermutet, dass dies stark vom Material und der Formteilgeometrie abhängt. In der vorliegenden Arbeit kann ein Einfluss des Formteilinnendrucks ausgeschlossen werden, da die Verbundfestigkeit mit abnehmender Wanddicke trotz eines höheren Formteilinnendrucks steigt. Gleichzeitig ein höherer Einspritzvolumenstrom, der ebenfalls zu einem höheren Formteilinnendruck führt, zu einer Abnahme der Verbundfestigkeit bei 2 mm dicken Formteilen führt. Vielmehr wird der Einfluss des Einspritzvolumenstromes auf eine Erwärmung der Dekorschicht und die Diffusionszeit zurückgeführt. Reduzierte Einspritzvolumenströme verlängern die Einspritzzeit und somit die Diffusionszeit. Anhand der Ergebnisse wird sichtbar, dass diese Zusammenhänge von der Wanddicke und vom Material abhängen.

Zur Charakterisierung der Bruchzone erfolgt eine Betrachtung des abgeschälten Trägers und der abgeschälten Folie unter dem Mikroskop mithilfe von Auflicht und Durchlicht. Abbildung 5.46 zeigt die Bruchzone der Probe mit der höchsten Verbundfestigkeit bei einem Einspritzvolumenstrom von 30 cm^3/s und der geringsten Verbundfestigkeit bei einer Massetemperatur von 320 °C. Um durchleuchtete Bereiche, also Bereiche ohne Dekor, hervorzuheben, wird ein Falschfarbenbild aus der Durchlichtaufnahme erstellt. Es ist erkennbar, dass ein Großteil des Dekors an der Folie und dem Träger haften, was auf ein kohäsives Versagen in der Dekorschicht hindeutet. Ferner sind vereinzelte Bereiche ohne Dekor auf dem Träger sichtbar. Eine Korrelation zwischen der Verbundfestigkeit und der Häufung dieser Bereiche wird nicht festgestellt.

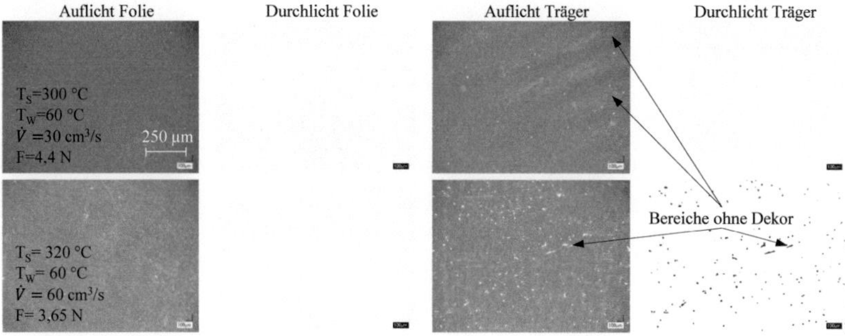

Abbildung 5.46: Betrachtung der Bruchzone von Folie und Träger nach der Schälprüfung

Entsprechend zu den vorhergehenden Ergebnissen treten die höchsten Verbundfestigkeiten im Bereich der Auswaschungen auf. Die maximale Schälkraft ergibt sich bei einer Werkzeugwandtemperatur von 90 °C und einer Schmelzetemperatur von 280 °C und deckt sich mit den Parametern hoher Auswaschungen. Die Schälkraft im Angussbereich beträgt durchschnittlich 8 N, mit einer maximalen Schälkraft von ca. 17 N.

5.3.4 Zusammenfassung der Erkenntnisse und Validierung der bestehenden Modelle

Im Folgenden werden die aus den Versuchsreihen zur Verbundfestigkeit gewonnenen Erkenntnisse zusammengefasst. Abbildung 5.47 zeigt den Einfluss der Prozessparameter auf die Verbundfestigkeit bedruckter und unbedruckter Folien. Aus dem Stand der Technik ist bekannt, dass die Löslichkeit beider Kontaktpartner sowie eine ausreichende Energie die Grundvoraussetzung für das Ausbilden von Verschlaufungen und der Verbundfestigkeit sind. Bei amorphen Kontaktpartnern muss die Energie, also die Temperatur zwischen den Kontaktpartnern, oberhalb der Glasübergangstemperatur liegen.

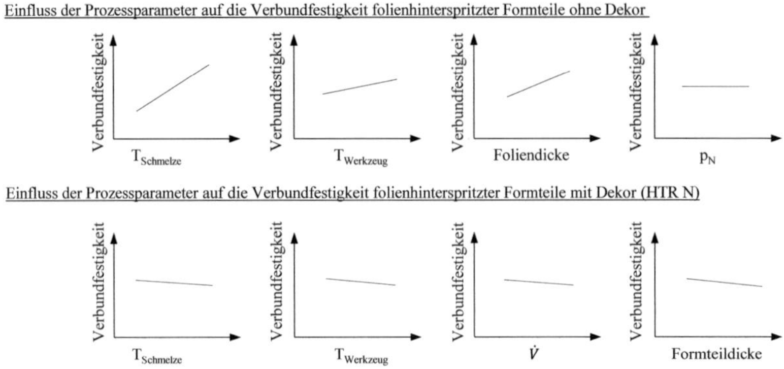

Abbildung 5.47: Einfluss der Prozessparameter auf die Verbundfestigkeit bedruckter und unbedruckter Folien

Bei unbedruckten Folien tritt ein Adhäsionsbruch, ein Versagen in der Grenzschicht zwischen Folie und Träger, auf. Die Verbundfestigkeit zwischen Folie und Träger steigt mit der thermischen Energie in der Grenzschicht. So führen hohe Werkzeugwandtemperaturen, hohe Schmelzetemperaturen sowie steigende Foliendicken zu einer steigenden Verbundfestigkeit. Dabei überwiegt der Einfluss der Schmelzetemperatur und der Foliendicke, die zu einer hohen Temperatur in der Grenzschicht führen. Dieser Zusammenhang ist auf den Diffusionsprozess und die Brownsche Molekularbewegung zurückzuführen, die durch hohe Energien in der Grenzschicht begünstigt werden (vgl. Abschnitt 4.3.2).

Bei bedruckten Folien tritt ein kohäsives Versagen in der Dekorschicht auf. Anhand der Untersuchungen zum Materialeinfluss wird jedoch deutlich, dass eine Beeinflussung der Adhäsion zwischen Dekor und Träger durch das Material stattfindet. Ein reines Versagen in der Dekorschicht kann somit ausgeschlossen werden. Der Einfluss der Prozessparameter auf die Verbundfestigkeit liegt im Bereich der doppelten Standardabweichung bzw. oftmals innerhalb der Standardabweichung und kann vernachlässigt werden. Die wesentliche Einflussgröße auf die Verbundfestigkeit bedruckter Folien ist somit das Material.

Auf makroskopischer Ebene wird deutlich, das niedrige Temperaturen in der Grenzschicht und niedrige Einspritzvolumenströme bei den untersuchten HTR N–Dekorsystemen bei einer Formteildicke von 2 mm zur Ausbildung einer maximalen Verbundfestigkeit führen. Eine Steigerung der Formteildicke führt zu einer Reduzierung der Verbundfestigkeit und zu einer Umkehr des Temperatureinflusses beim Farbsystem HTR N. Während hohe Temperaturen in der Grenzschicht eine Diffusion der Makromoleküle in das Dekor gewährleisten, können diese gleichzeitig ein Aufschmelzen der Dekorschicht und folglich eine Relaxation bzw. eine Schädigung des Dekores begünstigen. Bestehende Verschlaufungen können sich lösen, was die Verbundfestigkeit reduziert. Ferner führt eine lange Diffusionsdauer durch niedrige Einspritzvolumenströme zu einer Steigerung der Verbundfestigkeit. Es wird vermutet, dass es zunächst zu einem Anschmelzen und dann zu einem Eindringen der Moleküle der nachfließenden Schmelze kommt. Bei hohen Einspritzvolumenströmen oder kurzen Fließwegen, wie beispielsweise in Abbildung 5.45 entgegengesetzt der Hauptfließrichtung hinter dem Anguss, erstarrt die Schmelze auf der Dekorschicht, bevor diese ausreichend erhitzt wurde. Sofern keine Dekorschädigung auftritt, zeigt sich kein Zusammenhang zwischen Verbundfestigkeit und Wandschubspannungen. Führen Schubspannungen jedoch zu einer Dekorschädigung bzw. einem Abtrag des Dekors, steigt die Verbundfestigkeit in diesem Bereich an, da es sich um einen Verbund gleicher Materialien handelt.

5.4 Untersuchung des Formteilverzugs

Ziel dieses Abschnittes ist die Validierung der im Stand der Technik aufgeführten Zusammenhänge zum Formteilverzug und die Ermittlung des Einflusses einzelner Stellgrößen auf den Verzug als Eingangsgröße in das Prozessmodell. Zusätzlich werden erstmals die Orientierungen folienhinterspritzter Formteile betrachtet, um eine mögliche Korrelation zwischen Orientierung und Verzug festzustellen. Nach einer Betrachtung der Orientierung wird der Einfluss der Einspritzgeschwindigkeit, der Schmelze- und Werkzeugwandtemperatur, des Nachdrucks und der Foliendicke auf den Formteilverzug untersucht.

5.4.1 Betrachtung der spritzgießinduzierten Orientierungen

Ziel der Untersuchungen ist die qualitative Betrachtung der Orientierung der Formteile in Abhängigkeit der Schmelze- und Werkzeugwandtemperatur, der Einspritzvolumenströme, des Nachdruckes und der Foliendicke. Abbildung 5.48 zeigt den Einfluss der Werkzeugwand- und Schmelzetemperatur auf die Orientierung von Formteilen ohne Folie, mit 250 µm und 375 µm dicker Folie.

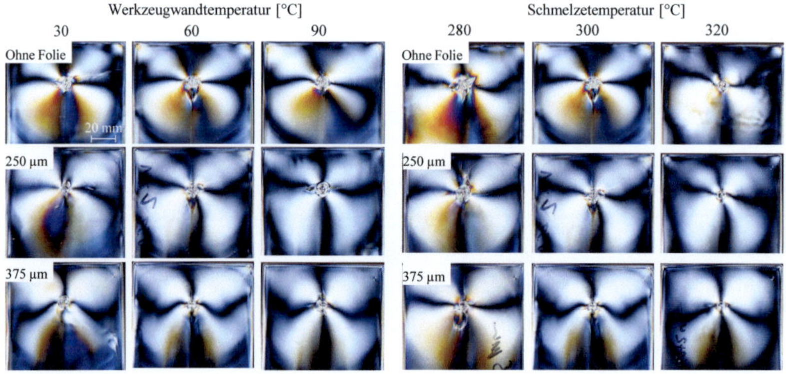

Abbildung 5.48: Einfluss der Werkzeugwand und Schmelzetemperatur auf die Orientierung von Formteilen ohne Folie, mit 250 µm und 375 µm dicker Folie

Die Orientierung der Moleküle wird durch die schwarzen Isoklinen, die eine Aussage über die Vorzugs- bzw. Hauptorientierungsrichtung der Moleküle geben, und den farbigen Isochromaten, die eine Aussage über die Anisotropieverhältnisse innerhalb des Formteiles zulassen, charakterisiert. Die Hauptorientierung der Moleküle resultiert aus dem Quellfluss am Anguss sowie der Fließrichtung der Schmelze (s. Abbildung 5.28). Aufgrund des punktförmigen Angusses kommt es zu einer biaxialen Molekülverstreckung im Angussbereich [JoW04]. Die Stellung der schwarzen Polarisatoren ist linear gekreuzt, mit einer leichten Krümmung in Fließrichtung der Schmelze. Die Krümmung der Polarisatoren nimmt mit der Foliendicke und der Massetemperatur zu. Bei Formteilen ohne Folie führt eine steigende Werkzeugwandtemperatur zu einer Zunahme der Krümmung, bei Formteilen mit Folie nimmt die Krümmung mit steigender Werkzeugwandtemperatur ab. Im Angussbereich treten gehäuft dicht und eng beieinanderliegende Isochromaten auf, die auf eine hohe Anisotropie im Formteil hindeuten.

Die durch die farbigen Isochromaten gekennzeichnete Anisotropie ist bei Formteilen ohne Folie gut sichtbar und nimmt mit der Foliendicke ab. Steigende Werkzeugwand- und Schmelzetemperaturen führen ebenfalls zu einer Abnahme der Anisotropie, wobei der Einfluss der Schmelzetemperatur größer ist.

Abbildung 5.49 zeigt den Einfluss des Einspritzvolumenstromes und des Nachdrucks auf die Orientierung von Formteilen ohne Folie sowie mit 250 µm und 375 µm dicker Folie. Analog zum Stand der Technik führen bei Formteilen ohne Folie steigende Einspritzvolumenströme zu einer Abnahme der Anisotropie und zu einer zunehmenden Krümmung der Polarisatoren. Bei 250 µm dicken Folien ist eine abnehmende Krümmung der Polarisatoren mit steigendem Einspritzvolumenstrom erkennbar, bei 375 µm dicken Folien eine geringe Zunahme.

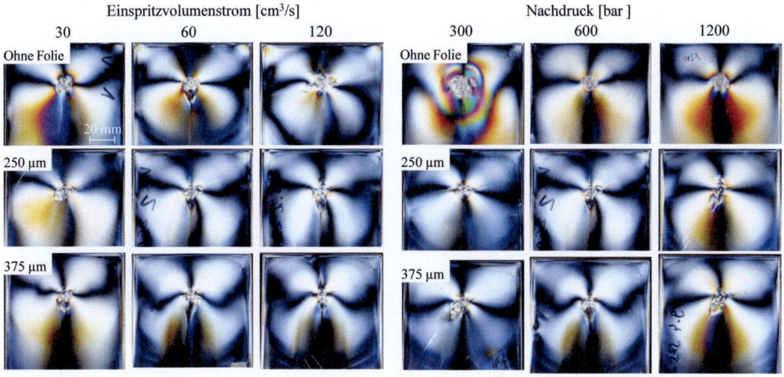

Abbildung 5.49: Einfluss des Einspritzvolumenstromes und des Nachdrucks auf die Orientierung von Formteilen ohne Folie, mit 250 µm und 375 µm dicker Folie

Abbildung 5.50 zeigt eine Detailaufnahme der Orientierung im Angussbereich in Abhängigkeit des Einspritzvolumenstromes von Formteilen mit 250 µm dicker Folie (rechts) und ohne Folie (links). Hier wird noch einmal deutlich, dass die Anisotropie bei Formteilen ohne Folie mit erhöhtem Einspritzvolumenstrom abnimmt und bei Formteilen mit Folie zunimmt. Ein steigender Nachdruck führt zu einer abnehmenden Krümmung der Polarisatoren und zu einer Zunahme der Anisotropie im Angussbereich.

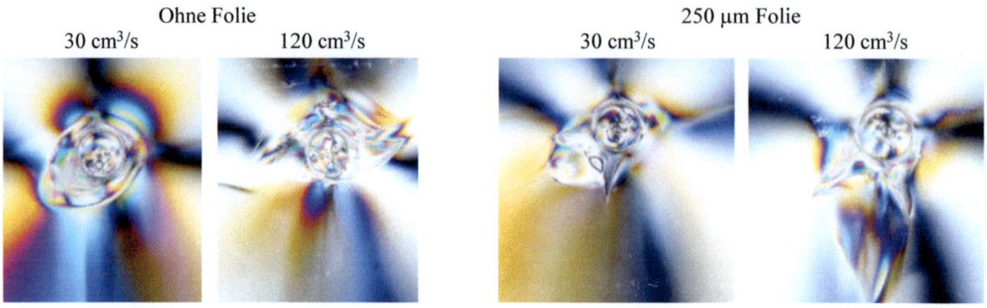

Abbildung 5.50: Detailaufnahme der Orientierung im Angussbereich in Abhängigkeit des Einspritzvolumenstromes von Formteilen mit 250 µm dicker Folie (rechts) und ohne Folie (links)

Analog zum Stand der Technik zeigt sich ein vom Fließweg abhängiger Orientierungsverlauf. Die Orientierung tritt in Fließrichtung auf und nimmt mit der Fließweglänge ab [Jan83]. Bei Formteilen ohne Folie führen hohe Werkzeugwand- und Schmelzetemperaturen sowie hohe Einspritzvolumenströme zu geringeren Orientierungen und spiegeln somit den Stand der Technik wider. Bei Formteilen mit Folie zeigt sich ebenfalls eine Abnahme der Orientierung mit der Schmelze- und Werkzeugwandtemperatur, die im Vergleich zu den Formteilen ohne Folie größer ist. Höhere Temperaturen führen zu einer Reduzierung der Scherung und der abkühlbedingten Spannungen, da die Temperaturdifferenz zwischen Folie und Träger mit zunehmender Erwärmung der Folie abnimmt. Nach [Gal94] haben abkühlbedingte Spannungen den größten Einfluss auf die Eigenspannungen, wobei das Temperaturprofil zum Zeitpunkt, an dem kein Material zur Schwindungskompensation nachfließen kann, entscheidend ist. Hohe Einspritzvolumenströme haben bei Formteilen mit Folie einen gegenteiligen Effekt, da die kurze Kontaktzeit der Schmelze zu einem hohen Temperaturgradienten in der Folie führt und folglich zu hohen abkühlbedingten Spannungen.

5.4.2 Einfluss des Einspritzvolumenstromes und der Schmelzetemperatur auf den Verzug

Abbildung 5.51 zeigt den Einfluss der Massetemperatur und des Einspritzvolumenstromes auf den Formteilverzug von folienhinterspritzten Formteilen aus Makrolon 2405 und dem leichter fließenden Makrolon 2205. Zunächst erfolgt eine Betrachtung der Erkenntnisse auf Basis des verwendeten Werkstoffs Makrolon 2405. Grundsätzlich führen steigende Einspritzvolumenströme zu einer Zunahme und steigende Schmelzetemperaturen zu einer Abnahme des Formteilverzuges. Dabei zeigt sich jedoch eine Korrelation zwischen Temperatur und Geschwindigkeit, die eine Einzelbetrachtung der Größen erschwert.

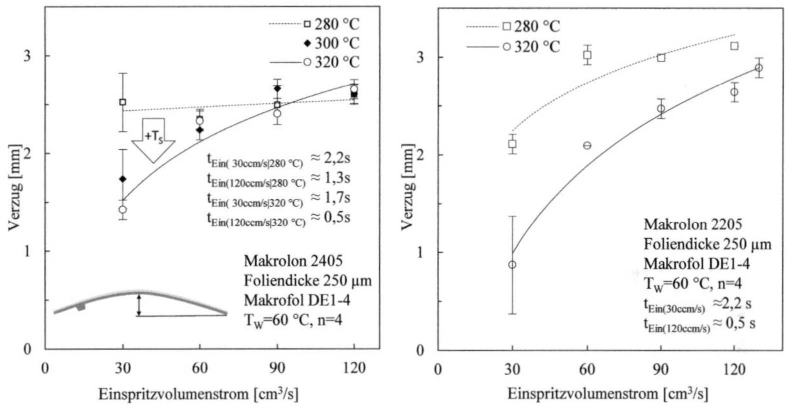

Abbildung 5.51: Einfluss des Einspritzvolumenstromes und der Schmelzetemperatur auf Formteilverzug von Makrolon 2405 (links) und Makrolon 2205 (rechts)

Eine Steigerung des Einspritzvolumenstromes von 30 cm^3/s auf 120 cm^3/s reduziert die Einspritzzeit von 2,2 Sekunden auf 0,5 Sekunden und führt zu einer Zunahme des Formteilverzuges um ca. 10 % bei einer Schmelzetemperatur von 280 °C und ca. 60 % bei einer Schmelzetemperatur von 300 °C. Während bei 30 cm^3/s eine Steigerung der Massetemperatur von 280 °C auf 320 °C zu einer Reduzierung des Verzuges um ca. 45 % führt, hat die Massetemperatur bei einem Einspritzvolumenstrom von 120 cm^3/s keinen Einfluss.

Ein direkter Rückschluss auf die Temperaturwirkung in Abhängigkeit des Einspritzvolumenstromes kann nicht getroffen werden, da bei einer Massetemperatur von 280 °C bereits bei 60 cm^3/s der maximale Einspritzdruck der Maschine erreicht wird und die Ergebnisse die Maschinenregelung abbilden.

Um den Zusammenhang zwischen Einspritzvolumenstrom und Massetemperatur zu betrachten, wird der Versuch mit Makrolon 2205 wiederholt, da dieser Werkstoff bei gleichen mechanischen Eigenschaften leichter fließt und der Einspritzdruck somit geringer ist. Eine Steigerung des Einspritzvolumenstromes von 30 cm^3/s auf 120 cm^3/s führt zu einer Steigerung des Verzuges um 50 % bei 280 °C und ca. 220 % bei 320 °C. Ferner führt eine Temperaturerhöhung von 280 °C auf 320 °C zu einer Reduzierung des Verzuges um 50 % bei 30 cm^3/s und unter 20 % bei 120 cm^3/s. Grundsätzlich ergeben sich ab einem Einspritzvolumenstrom von 60 cm^3/s nahezu deckungsgleiche Verläufe zwischen Makrolon 2405 bei 300 °C und 320 °C sowie Makrolon 2205 bei 320 °C. Die geringeren Verzugswerte bei einem Einspritzvolumenstrom von 30 cm^3/s können auf die besseren Fließeigenschaften und der damit verbundenen Druckübertragung und Nachdruckwirkung zurückgeführt werden. Die höheren Verzugswerte bei einer Massetemperatur von 280 °C bei Makrolon 2205 im Vergleich zu Makrolon 2405 ergeben sich aus einer geringeren Temperatureinwirkung aufgrund der besseren Fließeigenschaften und der damit verbundenen kürzeren Einspritzzeit.

Da die Schmelze mit der Fließweglänge abkühlt und sich gerade bei niedrigen Einspritzvolumenströmen unterschiedliche Temperaturprofile in Abhängigkeit der Fließweglänge ergeben, wird zusätzlich die Plattenwölbung in Längs- und in Querrichtung betrachtet. Hierzu wird die Oberfläche auf 8 Bahnen, die entlang der Längsachse verlaufen, mit einem Messtaster abgetastet. Die Verzugswerte der einzelnen Bahnen sind in Abbildung 5.52 in acht Schaubildern dargestellt. Zusätzlich wird jeweils der Verzug am Fließweganfang und Fließwegende eingezeichnet.

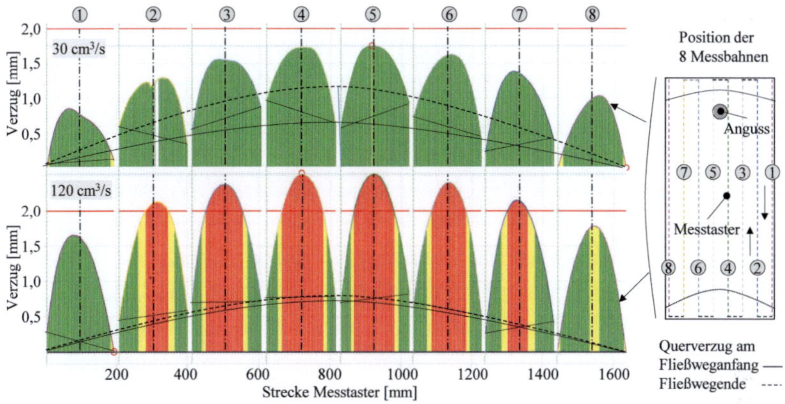

Abbildung 5.52: Einfluss des Einspritzvolumenstromes auf die Formteilwölbung bei 250 µm dicken Folien, 300 °C Massetemperatur, 60 °C Werkzeugwandtemperatur und Makrolon 2405

Der maximale Verzugswert in Längsrichtung ist asymmetrisch in Angussrichtung verschoben. Mit steigendem Einspritzvolumenstrom verläuft der Verzug zunehmend symmetrisch, das Verzugsmaximum verschiebt sich also mit steigendem Einspritzvolumenstrom in Richtung Formteilmitte. Hohe Temperaturen und ein gleichmäßiges Temperaturprofil durch die nachfließende Schmelze führen zu einer gleichmäßigen Schwindung sowie einer guten Erwärmung der Folie in Angussnähe. Mit der Fließweglänge nehmen die Schmelzetemperatur und die Kontaktzeit der Schmelze auf der Folie ab, was zu einer Reduzierung der Folientemperatur führt. Am Fließwegende erreicht die Schmelze kurz nach dem Folienkontakt den Siegelpunkt, woraus sich hohe abkühlbedingte Eigenspannungen ergeben.

Bei Formteilen ohne Folie liegt der Verzug zwischen -0,1 mm und -0,2 mm und somit im Bereich der Standardabweichung von 0,2 mm. Trotz des Parametereinflusses auf die Orientierung zeigt sich kein Einfluss der Prozessparameter auf den Formteilverzug von Formteilen ohne Folie. Der gegenwärtige Stand der Technik lässt keine eindeutige Aussage zum Einfluss des Einspritzvolumenstromes bzw. der Einspritzgeschwindigkeit zu. Die von [BKL08,

StG98] festgestellte Reduzierung des Verzugs mit der Einspritzgeschwindigkeit aufgrund der höheren Packungsdichte des Trägers und der reduzierten Schwindung konnte nicht festgestellt werden. Auch die von [LCH13] ermittelte Reduzierung des Verzugs mit dem Einspritzdruck aufgrund einer steigenden Kühlung durch mehr Anpressdruck an die Werkzeugwand konnte nicht bestätigt werden. Vielmehr zeigen die vorliegenden Versuche einen Zusammenhang zwischen Verzug und der Temperaturwirkung bedingt durch die Einspritzgeschwindigkeit. Die spannungsoptischen Aufnahmen haben gezeigt, dass der Einfluss der Massetemperatur größer auf die Orientierungen im Formteil wirkt als der Einfluss der Einspritzgeschwindigkeit, was die Temperaturwirkung als Ursache für den Verzug bestätigt. An dieser Stelle sei jedoch angemerkt, dass die Ergebnisse von der Formteilgeometrie und den Wanddicken abhängen.

5.4.3 Einfluss des Nachdruckes auf den Formteilverzug

Aus dem Stand der Technik ergeben sich unterschiedliche Aussagen zur Nachdruckwirkung. Auf Grundlage der Erkenntnisse von [Wie03], dass der Einfluss des Nachdrucks im Vergleich zur Foliendicke und den Temperaturen gering ist, wird im Folgenden nur der Nachdruckeinfluss in Abhängigkeit der Foliendicke am Basisbetriebspunkt untersucht. Abbildung 5.53 zeigt den Einfluss des Nachdrucks auf den Verzug von Formteilen mit 250 µm und 375 µm dicken Folien.

Mit einer Steigerung des Nachdruckes von 300 bar auf 1200 bar nimmt der Verzug bei 375 µm dicken Folien gleichmäßig um ca. 20 % ab. Bei 250 µm dicken Folien reduziert sich der Verzug bei einer Nachdruckerhöhung von 300 bar auf 600 bar um ca. 25 % und schwankt ab 600 bar um einen Mittelwert.

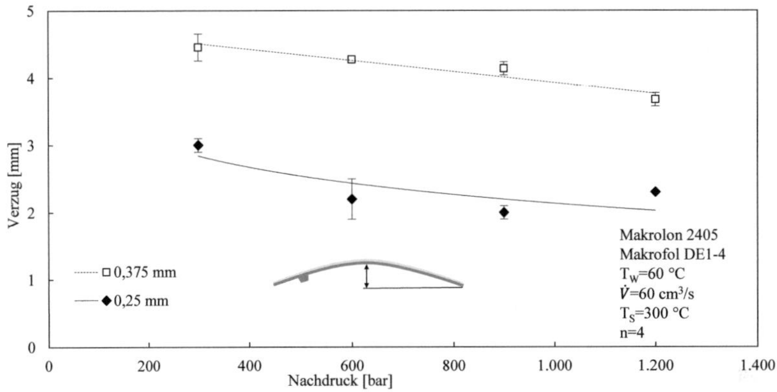

Abbildung 5.53: Einfluss des Nachdrucks auf den Verzug von 250 μm und 375 μm dicken Folien

Zusammenfassend muss die Nachdruckhöhe so gewählt werden, dass die Schwindungskompensation des Trägers gewährleistet ist. Dabei hängt die Nachdruckzeit vom Siegelpunkt ab, woraus sich geometrie-, werkzeug- und prozessabhängige Unterschiede hinsichtlich des Nachdrucks ergeben. Neben der Schwindungskompensation führt der Nachdruck aufgrund höherer Scherungen zu höheren Orientierungswerten in der Formteilmitte (s. Abbildung 2.15), was auch die Untersuchungen in Abschnitt 5.4.1 zeigen. Zudem sei angemerkt, dass die Nachdruckwirkung vom Umschaltpunkt abhängt. Wird der Umschaltpunkt zu früh gewählt, sodass keine vollständige Formteilfüllung gewährleistet wird, fällt die Nachdruckwirkung entsprechend größer aus.

5.4.4 Einfluss der Werkzeugwandtemperatur auf den Formteilverzug

Zur Untersuchung des Einflusses der Werkzeugwandtemperatur findet zunächst eine Betrachtung der Werkzeugwandtemperatur unter variablen Schmelzetemperaturen statt. Anschließend werden beide Werkzeughälften unterschiedlich temperiert, um den Einfluss der folienseitigen Temperierung getrennt zu bewerten. Abbildung 5.54 zeigt den Einfluss der Werkzeugwandtemperatur und der Schmelzetemperatur auf den Formteilverzug. Eine Steigerung der Werkzeugwandtemperatur führt zu einer Reduzierung des Verzuges um durchschnittlich 15 % / 10 °C, unabhängig der Schmelzetemperatur und des Einspritzvolumenstromes.

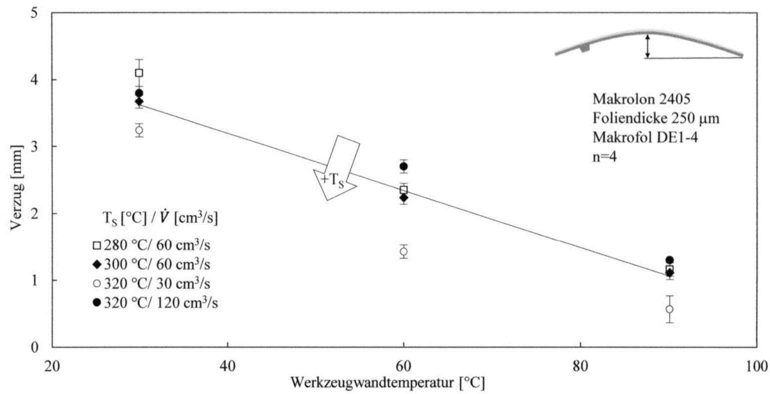

Abbildung 5.54: Einfluss der Werkzeugwand- und Schmelzetemperatur auf den Verzug

Abbildung 5.55 zeigt den Einfluss von unterschiedlich temperierten Düsen- und Auswerferseiten auf den Formteilverzug, wobei die Folie auf der Auswerferseite anliegt.

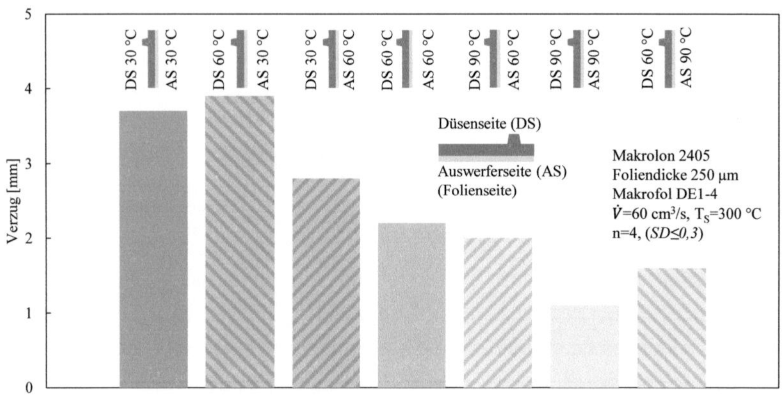

Abbildung 5.55: Einfluss verschieden temperierter Werkzeugseiten auf den Verzug

Diese Betrachtungsweise lässt direkte Rückschlüsse auf den Einfluss der Folienschwindung zu, da die Temperierung des Trägers konstant bleibt.

Ausgehend von einer gleichen Temperierung beider Werkzeughälften führt eine Steigerung der Temperatur der Folienseite zu einer Verzugsreduzierung um durchschnittlich 15 % / 10 °C, während eine Erhöhung der Temperatur der Düsenseite im Bereich der Standardabweichung liegt. Umgekehrt führt eine Reduzierung der Temperatur der Düsenseite zu einer Zunahme des Verzugs um durchschnittlich 14 % / 10 °C und eine Reduzierung der Temperatur der Folienseite zu einer Zunahme des Verzugs um durchschnittlich 29 % / 10 °C.

Analog zum Stand der Technik [Wie03, LaF11] zeigt sich, dass steigende Werkzeugwandtemperaturen zu weniger Verzug führen, da aufgrund des Temperaturprofils die Kontraktionsdifferenzen zwischen Träger und Folie geringer sind. Zusätzlich führen hohe Temperaturen im Träger zu einem späten Einfrieren des Angusses. Somit kann der Träger vor dem Erreichen des Siegelpunktes länger relaxieren, was den Abbau von Orientierungen begünstigt.

5.4.5 Einfluss der Dekormaterialien und des Druckes

Im Folgenden wird der Einfluss der Foliendicke und der Dekorschicht auf den Formteilverzug betrachtet. Abbildung 5.56 zeigt den Einfluss des Einspritzvolumenstromes, der Werkzeugwandtemperatur und der Massetemperatur auf den Formteilverzug von Formteilen mit 250 µm und 375 µm dicken Folien. Der Kurvenverlauf sowie die Abhängigkeit der Prozessparameter stimmen überein. Die Steigerung der Foliendicke um 125 µm führt jedoch zu einer Zunahme des Verzugs um ca. 70 %. Die Abhängigkeit des Verzuges von dem Einspritzvolumenstrom zeigt bei Temperaturen ab 300 °C einen logarithmischen Verlauf, mit einer Zunahme des Verzuges von 20 % bei einer Erhöhung des Einspritzvolumenstromes von 30 cm^3/s auf 120 cm^3/s. Ferner nimmt der Verzug mit steigender Werkzeugwandtemperatur um durchschnittlich 8 % / 10 °C ab. Die qualitativen Abhängigkeiten des Verzuges von dem Einspritzvolumenstrom und der Werkzeugwandtemperatur verhalten sich gleich, der quantitative Einfluss ist jedoch geringer.

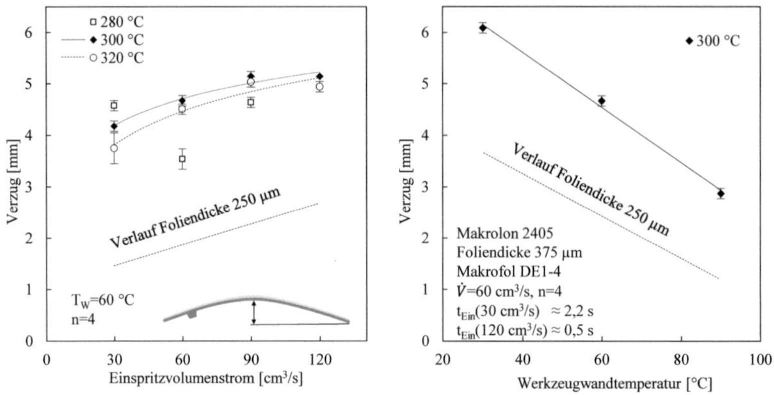

Abbildung 5.56: Einfluss des Einspritzvolumenstromes, der Werkzeugwandtemperatur und der Massetemperatur bei 375 µm dicken Folien im Vergleich zu 250 µm dicken Folien

Zusätzlich wird der Einfluss der Dekorschicht auf den Formteilverzug betrachtet. Abbildung 5.57 zeigt den Verzug von 250 µm dicken Folien mit Dekorierung und ohne Dekorierung.

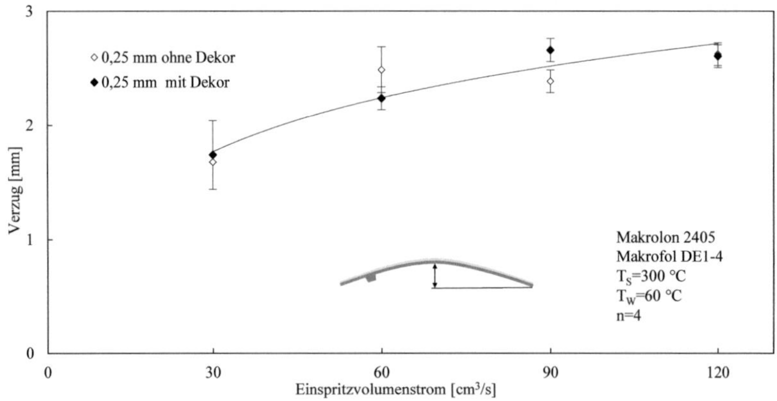

Abbildung 5.57: Verzug bedruckter und unbedruckter 250 µm dicker Folien im Vergleich

Der Einfluss der Dekorschicht auf den Verzug liegt im Bereich der Standardabweichung. Da bedruckte Folien nach dem Druckvorgang bei 90 °C für ca. eine Stunde getempert werden, zeigt dieses Ergebnis gleichzeitig, dass die Folien über wenig Eigenspannungen verfügen. Die Dekorschicht als auch die Wärmebehandlung haben somit keinen Einfluss auf das Verzugsverhalten von Formteilen mit einer Makrofol-Folie. Wie von [BKL08] gezeigt, kann eine zusätzliche Wärmebehandlung der Folien den Verzug von Formteilen mit hoch verstreckten Folien wesentlich beeinflussen.

5.4.6 Einfluss einer nachträglichen Wärmelagerung auf das Verzugsverhalten

Um den Einfluss einer nachträglichen Wärmebehandlung auf das Verzugsverhalten zu beurteilen, wird der Formteilverzug vor und nach einer Wärmelagerung betrachtet. Nach dem Spritzgießen sind Eigenspannungen und Orientierungen in den Formteilen enthalten, die sich bei der spannungsoptischen Auswertung überlagern und nicht unterscheiden lassen. Eine Unterscheidung zwischen Eigenspannungen und Orientierungen kann nur durch Tempern erfolgen, wobei nach dem Tempern nur Eigenspannungen sichtbar sind. Aus diesem Grund werden die Formteile getempert und spannungsoptisch ausgewertet. Abbildung 5.58 zeigt die Isoklinen und Isochromaten der Formteile nach einer Temperdauer von zwei Stunden bei 120 °C in Abhängigkeit der Spritzgießparameter ausgehend von der Basiseinstellung.

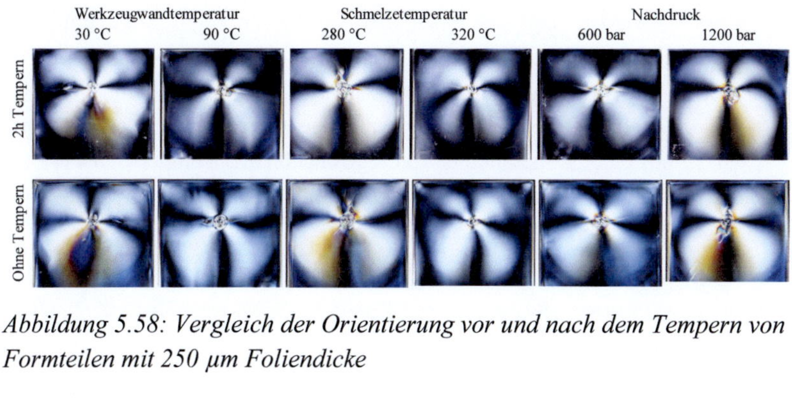

Abbildung 5.58: Vergleich der Orientierung vor und nach dem Tempern von Formteilen mit 250 µm Foliendicke

Nach dem Tempern ist eine Reduzierung der farbigen Isochromaten, die eine Aussage über die Anisotropieverhältnisse im Formteil geben, bei Formteilen mit hohen induzierten Orientierungen erkennbar. Hohe Orientierungen resultieren aus hohen Scherungen durch das Spritzgießen. Hierzu zählen niedrige Werkzeugwand- und Schmelzetemperaturen und hohe Nachdrücke. Hingegen sind keine Unterschiede bei Formteilen erkennbar, die spannungsarm hergestellt werden. Abbildung 5.59 zeigt den Formteilverzug vor und nach einer Wärmelagerung von zwei Stunden.

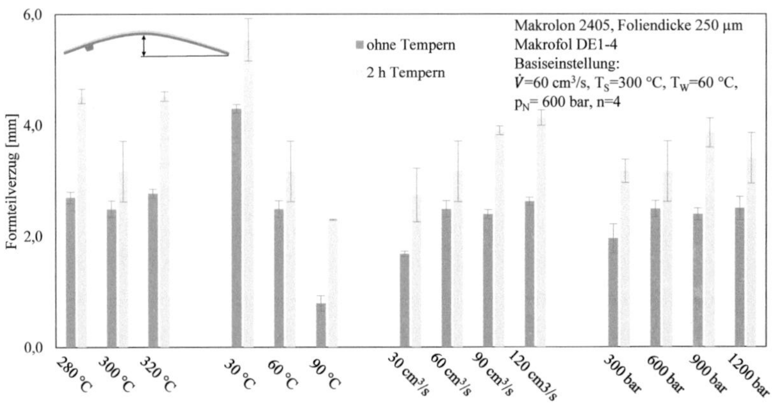

Abbildung 5.59: Formteilverzug vor und nach einer Wärmelagerung von 2 Stunden bei 120 °C

Bei allen Versuchen zeigt sich eine Zunahme des Verzuges nach dem Tempern zwischen 27 % und 191 %. Ein Zusammenhang zwischen dem Verzug nach dem Tempern und den Prozessparametern lässt sich dabei nicht herstellen. Die größten Differenzen ergeben sich bei Werkzeugwandtemperaturen von 90 °C mit einer Zunahme des Verzuges nach dem Tempern von 191 %. Abgesehen von der Werkzeugwandtemperatur beträgt die durchschnittliche Zunahme ca. 50 % bezogen auf den Verzug.

Zusammenfassend führt ein nachträgliches Tempern zu einem Abbau der Orientierungen im Formteil und zu einer Zunahme des Formteilverzuges. Hohe fertigungsbedingte Spannungen, bedingt durch niedrige Werkzeugwand- und

Schmelzetemperaturen oder hohe Nachdrücke, werden durch ein nachträgliches Tempern abgebaut. Ferner nimmt der Verzug durch das Tempern um durchschnittlich 50 % zu. Dabei ist kein Zusammenhang zwischen dem Verzug nach dem Tempern und den Prozessparametern oder dem Verzug nach dem Tempern und der Orientierung erkennbar. Diese Zunahme des Verzuges kann auf eine nachträgliche Relaxation und Nachschwindung des Trägers zurückgeführt werden, da die Zunahme des Verzuges auf eine zusätzliche Kontraktion des Trägers hindeutet. Würde es zu einer weiteren Kontraktion der Folie durch das Tempern kommen, würde sich der Verzug nicht ändern oder abnehmen. Bei einer gleichmäßigen Kontraktion von Folie und Träger würde der Verzug konstant bleiben. Zudem haben die Versuche zum Einfluss der Dekormaterialien auf den Verzug gezeigt, dass ein zusätzliches Tempern der Folie vor dem Hinterspritzen keinen Einfluss auf den Verzug hat.

5.4.7 Zusammenfassen der Erkenntnisse und Validierung der bestehenden Modelle

Die Erkenntnisse zum Formteilverzug von IML-Formteilen können wie folgt zusammengefasst werden. Abbildung 5.60 zeigt den qualitativen Einfluss der Prozessparameter auf den Formteilverzug und die Orientierung.

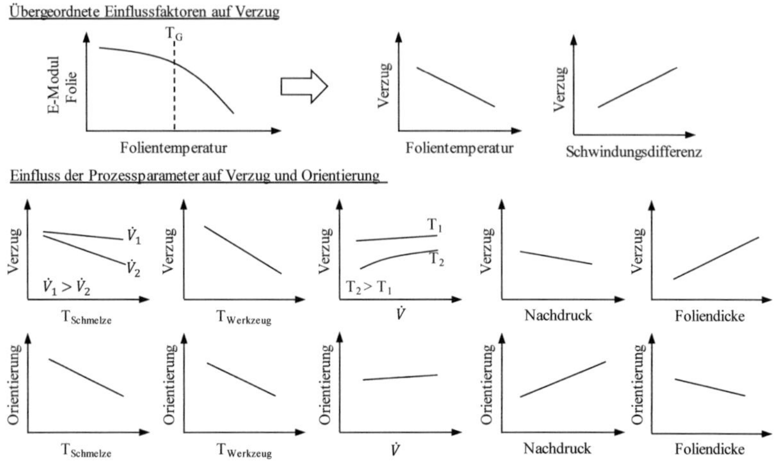

Abbildung 5.60: Qualitativer Einfluss der Prozessparameter auf den Verzug und die Orientierung folienhinterspritzter Formteile

Auf Basis des von [Wie03] erweiterten Erstarrungsmodells von [Sti73] ist bekannt, dass der Formteilverzug auf Kontraktionsdifferenzen zwischen Folie und Träger zurückzuführen ist, welche durch das asymmetrische Temperaturprofil und die Foliensteifigkeit hervorgerufen werden. Übergeordnet führen hohe Steifigkeiten der Dekormaterialien aufgrund der Foliendicke und des E-Moduls zu einem steigenden Formteilverzug. Beim Überschreiten der Glasübergangstemperatur nimmt die Folie einen weichelastischen Zustand an und geht beim Überschreiten der Fließtemperatur in einen plastischen Zustand über. So finden Umformprozesse der Folie oberhalb der Glasübergangstemperatur und unterhalb der Fließtemperatur statt. Verformungen oberhalb der Glasübergangstemperatur sind irreversibel und bleiben beim Abkühlen erhalten.

Wird der Einfluss der Prozessparameter betrachtet zeigt sich, dass der Formteilverzug mit steigendem Temperaturniveau im Formteil abnimmt. Den größten Einfluss hat dabei die Werkzeugwandtemperatur mit einem nahezu linearen Einfluss auf den Verzug (-15 %/10 °C). Die Massetemperatur hat ebenfalls einen großen Einfluss bei niedrigen Einspritzgeschwindigkeiten aufgrund der Wärmeleitung (-11 %/10 °C). Steigende Einspritzgeschwindigkeiten führen zu einem steigenden Formteilverzug, da die Folienerwärmung durch Wärmeleitung infolge der kurzen Füllzeit abnimmt. Es zeigt sich ein logarithmischer Zusammenhang zwischen Einspritzgeschwindigkeit und Verzug mit asymptotischer Näherung an ein Maximum bei hohen Einspritzgeschwindigkeiten. Der Einfluss der Wärmeleitung wird anhand des Verzuges in Querrichtung deutlich, der mit der Entfernung zum Anguss zunimmt, da die Kontaktzeit von Folie und Schmelze mit der Entfernung zum Anguss abnimmt. Ferner führt ein steigender Nachdruck aufgrund der Schwindungskompensation im Träger zu einem geringeren Verzug. Im Vergleich zum Temperatureinfluss ist der Nachdruckeinfluss gering, zumal dieser bei 250 µm dicken Folien ab 600 bar keinen Einfluss mehr hat.

Betrachtet man den qualitativen Orientierungsverlauf im Angussbereich, zeigt sich, bis auf den Einfluss des Nachdrucks und der Foliendicke, eine gute Korrelation zum Verzug. Steigende Temperaturen führen zu einer Reduzierung der Orientierungen und des Verzuges. Beim Vergleich der Orientierung von Formteilen mit und ohne Folie wird der Temperatureinfluss auf folienhinterspritzte Formteile deutlich. Ein gegenläufiges Verhalten zwischen Verzug und Orientierung zeigt sich beim Nachdruck und bei der Foliendicke. Mit steigendem Nachdruck nimmt der Verzug aufgrund der Schwindungskompensation ab. Gleichzeitig nimmt die Orientierung aufgrund der eingebrachten Scherung im Angussbereich zu. Steigende Foliendicken führen zu höheren Temperaturen in der Grenzschicht und somit zu weniger Orientierungen, gleichzeitig erhöht sich die Steifigkeit der Folie und der Verzug nimmt, aufgrund des geringeren Kontraktionspotentiales, zu.

Der Temperatureinfluss wird in Abbildung 5.61 noch einmal anhand des asymmetrischen Temperaturprofils und der resultierenden Kontraktion verdeutlicht. Als Stützpunkte dienen die Ergebnisse der Temperatursimulationen aus Kapitel 5.1.2 in den Übergangsbereichen und im Folienkern. Eine Steigerung der Werkzeugwandtemperatur von 30 °C auf 90 °C führt unabhängig der Schmelzetemperatur zu einer Steigerung der Folientemperatur an der Werkzeugwand von 70 % - 80 % und zu einer Steigerung der Kerntemperatur um 20 % bei 280 °C und 10 % bei 320 °C. Eine Steigerung der Schmelzetemperatur von 280 °C auf 320 °C führt zu einer Steigerung der Kerntemperatur der

Folie um 20 % bei einer Werkzeugwandtemperatur von 30 °C und 10 % bei einer Werkzeugwandtemperatur von 90 °C. Unter Berücksichtigung des Formteilverzugs wird deutlich, dass der Einfluss der Werkzeugwandtemperatur überwiegt. Der Zusammenhang zwischen Temperaturniveau und Kontraktionspotential ist in Abbildung 5.61 qualitativ dargestellt.

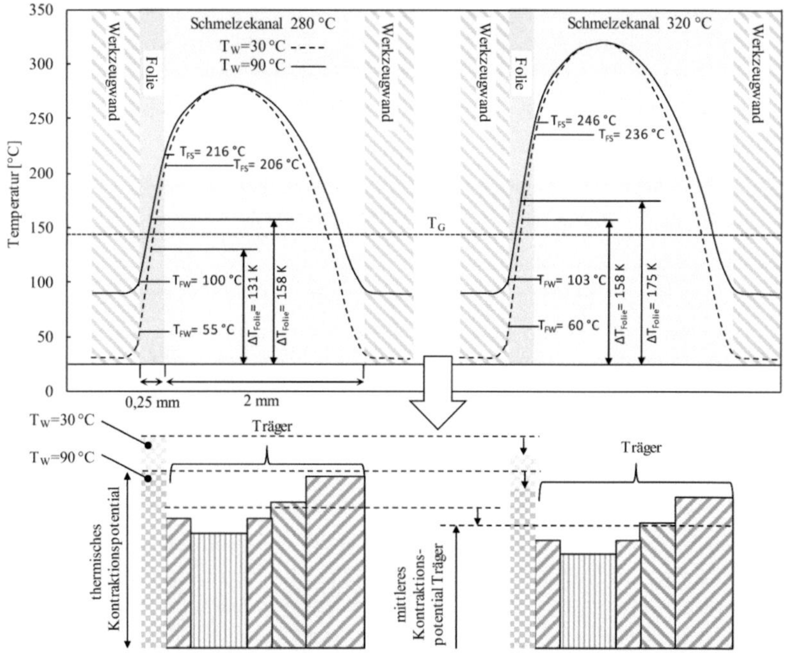

Abbildung 5.61: Temperaturprofil in Abhängigkeit der Schmelze- und Werkzeugwandtemperatur

5.5 Zusammenhänge der Einflussfaktoren und Maßnahmen zur Prozessoptimierung

Im folgenden Abschnitt werden die Einflüsse der Prozessparameter, der Formteilgeometrie und der Materialien zusammengefasst und in ein Modell überführt. Abschließend werden Maßnahmen zur Prozessoptimierung hinsichtlich der Formteilgestaltung, Werkzeugauslegung und Materialauswahl gegeben.

5.5.1 Einfluss der Prozessparameter, Formteilgeometrie und Materialien

Einfluss der Prozessparameter

Die *Werkzeugwandtemperatur* beeinflusst die Folienkerntemperatur und hat einen geringen Einfluss auf die Temperatur in der Grenzschicht. Steigende Werkzeugwandtemperaturen führen zu steigenden Kerntemperaturen der Folie und somit zu steigenden Auswaschungen und einem reduzierten Verzug.

Steigende *Schmelzetemperaturen* führen zu steigenden Folientemperaturen und einer Abnahme der Viskosität der Schmelze und somit der Schubspannungen. Oberhalb der kritischen Wandschubspannung überwiegt der Einfluss auf die Viskosität, wodurch die Auswaschungen mit steigender Schmelzetemperatur abnehmen. Unterhalb der kritischen Wandschubspannung überwiegt der Temperatureinfluss und die Auswaschungen nehmen mit der Temperatur zu. Der Verzug nimmt generell mit steigendem Temperaturniveau ab.

Steigende *Einspritzgeschwindigkeiten* führen aufgrund der kürzeren Kontaktzeit der Schmelze mit der Folie zu weniger Wärmeeintrag in die Folie und somit zu abnehmenden Folientemperaturen. Gleichzeitig nimmt die Wandschubspannung mit der Einspritzgeschwindigkeit zu. Analog zur Schmelzetemperatur zeigt sich ein unterschiedlicher Einfluss in Abhängigkeit der Schubspannung. Oberhalb der kritischen Wandschubspannung überwiegt der Einfluss der Schubspannung und hohe Einspritzgeschwindigkeiten führen zu mehr Auswaschung. Unterhalb der kritischen Wandschubspannung überwiegt der Temperatureinfluss und die Auswaschung nimmt ab. Die Höhe der kritischen Wandschubspannung hängt dabei von der Folie und dem Dekorsystem ab. Der Verzug nimmt mit der Einspritzgeschwindigkeit aufgrund der geringeren Folientemperaturen zu.

Hohe *Nachdrücke* haben keinen Einfluss auf die Folientemperaturen oder die Schubspannungen und somit keinen Einfluss auf die Auswaschung. Aufgrund der Schwindungskompensation führen steigende Nachdrücke jedoch zu geringerem Verzug. Ein Einfluss auf die Verbundfestigkeit wurde nicht festgestellt.

Einfluss der Formteilgeometrie

Im Folgenden werden nur die Wanddicke, die Fließweglänge, die Angussposition sowie die Angussgeometrie betrachtet, da sich diese Größen als wesentlich herausgestellt haben.

Die Wanddicke bestimmt die Schubspannung und gilt als Haupteinflussfaktor auf die Auswaschung. Ferner bestimmt die Angussgeometrie die Temperatur- und Schubspannungsverteilung im Angussbereich. Eine geringe Querschnittsfläche durch geringe Angussdurchmesser führt zu punktuell hohen Temperaturen und Schubspannungen. Diese nehmen mit der Querschnittsfläche des Angusses ab, was zu einer gleichmäßigen Temperatur- und Schubspannungsverteilung führt.

Die Angussposition und die Formteillänge bestimmen die Fließweglänge und somit die Einspritzzeit. Mit der Fließweglänge nehmen die Einspritzzeiten und damit die Kontaktzeiten der Schmelze mit der Folie zu. Lange Fließwege führen zu einer hohen thermischen Belastung in Angussnähe und begünstigen die Entstehung von Auswaschungen. Zudem führt eine gleichmäßige Temperaturverteilung zu einem gleichmäßigen Verzug entlang des Formteils.

Auch die Foliendicke beeinflusst die Schubspannungen und Temperaturen. Steigende Foliendicken führen aufgrund einer abnehmenden Wärmeleitung zu höheren Temperaturen in der Grenzschicht und zu höheren Schubspannungen. Gleichzeitig nehmen die Schwindungsdifferenzen zwischen Folie und Träger, die Foliensteifigkeit sowie der Abstand zur neutralen Faser zu. Steigende Foliendicken begünstigen das Auftreten von Auswaschungen und Formteilverzug.

Abbildung 5.62 zeigt den qualitativen Einfluss der Prozessparameter auf Verzug, Auswaschung, Verbundfestigkeit und Orientierung.

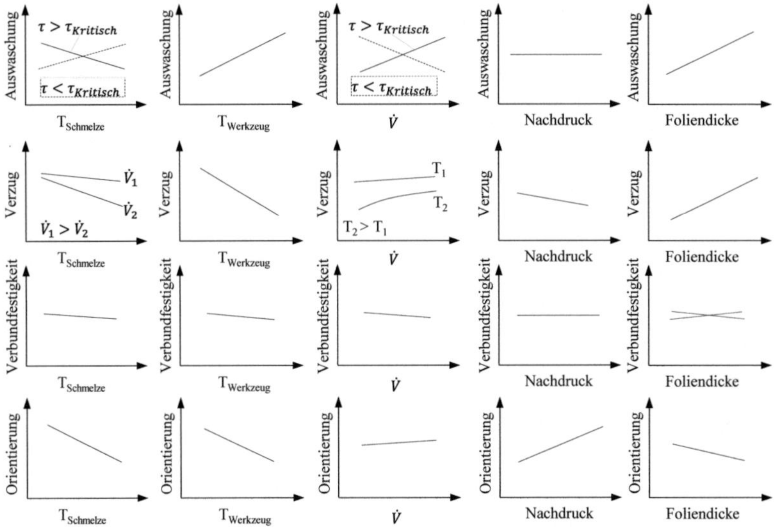

Abbildung 5.62: Qualitativer Einfluss der Prozessparameter auf Verzug, Auswaschung, Verbundfestigkeit und Orientierung folienhinterspritzter Formteile im Vergleich

<u>Materialeinfluss</u>

Bezüglich der Materialien können Substrat- und Folienmaterialien sowie die Dekormaterialien variiert werden. Bezüglich der Substratmaterialien führen höhere Viskositäten zu höheren Schubspannungen und steigenden Auswaschungen. Die Folientemperaturen bleiben davon unbeeinflusst.

Mit zunehmender Foliensteifigkeit nehmen die Kontraktionsdifferenzen und der Verzug zu. Dem entgegen kann mit einem gefüllten Trägermaterial gewirkt werden, was die Schwindungsdifferenzen zwischen Folien und Träger minimiert.

Das Farbsystem hat keinen Einfluss auf den Verzug, gilt jedoch als Haupteinflussfaktor auf die Verbundfestigkeit aufgrund der Materialkompatibilität. Gleichzeitig führen Farbsysteme mit einer hohen Wärmeformbeständigkeit zu geringeren Auswaschungen, da das Dekor höheren Temperaturen standhält.

5.5.2 Modellvorstellung

Abbildung 5.63 zeigt die Zusammenhänge der Einflussgrößen in Bezug auf die thermischen und mechanischen Belastungen der Folie, die mit der Wandschubspannung τ und der Grenzschichttemperatur ΔT *b*eschrieben werden und in der Foliendehnung ϵ resultieren.

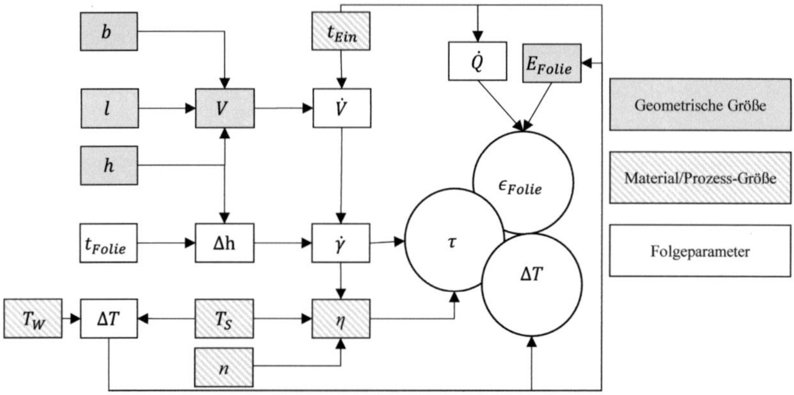

Abbildung 5.63: Zusammenhänge der Einflussfaktoren

Dabei werden die mechanischen Eigenschaften der Folie durch das E-Modul und die Folientemperatur beschrieben. Die Einflussgrößen untergliedern sich in geometrische Größen, Material- und Prozessgrößen sowie Folgegrößen. Das Formteilvolumen wird durch die Geometrie (Länge l, Breite b, Höhe h) bestimmt. Der Einspritzvolumenstrom $\dot{V}$ ergibt sich aus dem Einspritzdruck bzw. der Einspritzgeschwindigkeit und wird durch die Maschine vorgegeben. Aus der Einspritzgeschwindigkeit resultiert die Einspritzzeit t_{Ein}, die zum Füllen des Formteilvolumens V notwendig ist. Aus der Formteilhöhe h und Foliendicke t_{Folie} resultiert der Fließspalt Δh, der maßgebend die Schergeschwindigkeit beeinflusst. Aus der Schergeschwindigkeit und der Viskosität der Schmelze folgt die Wandschubspannung an der Folienoberfläche. Die Grenzschichttemperatur zwischen Schmelze und Folie ergibt sich aus der Schmelze- und Werkzeugwandtemperatur sowie der Kontaktzeit zwischen Schmelze und Folie. Dabei stellt sich ein Wärmestrom $\dot{Q}$ durch die Folie ein. Gleichzeitig wird der E-Modul der Folie durch den Wärmestrom beeinflusst und führt mit der Wandschubspannung und der Foliendicke zur Foliendehnung.

5.5.3 Maßnahmen zur Prozessoptimierung

Die Ergebnisse haben gezeigt, dass der Einfluss der Parameter auf Verzug und Auswaschung meistens gegenläufig ist, was eine gleichzeitige Minimierung von Verzug und Auswaschung erschwert. Aus diesem Grund sollte bereits bei der Formteilauslegung versucht werden, die kritischen Einflüsse zu vermeiden bzw. das Formteil so auszulegen, dass Verzug und Auswaschung den späteren Nutzen nicht beeinträchtigen. Mögliche Lösungen für diesen Ansatz können sein:

Formteilgestaltung:

- Sofern einzelne Bereiche des Formteils für den Endverbraucher durch den Verbau nicht sichtbar sind, können diese für den Anguss genutzt werden. In diesem Fall kann die Prozessoptimierung mit der Zielgröße Verzug erfolgen.
- Der Anguss sollte in Bereichen ohne Symbolik erfolgen, da dieser zu einer Schädigung des Dekors führen kann. Befindet sich der Anguss in einem schwarz dekorierten Bereich, ist eine Kaschierung mit einem schwarzen Substrat möglich. Kleine Auswaschungen sind so nicht mehr sichtbar.
- Der Anguss kann über eine seitliche Lasche am Formteil erfolgen, die nach der Fertigung entfernt wird. Mögliche Auswaschungen auf dieser Lasche sind auf dem Formteil nicht sichtbar, wodurch sich die Prozessoptimierung auf die Zielgröße Verzug beschränkt.
- Formteile aus einer Komponente ohne versteifende Elemente können beim Verbau mit geringen Kräften in Zwangslage montiert werden, sodass geringe Verzüge durch die Montage ausgeglichen werden. Hierzu müssen ausreichend Rastlaschen vorgesehen werden.
- Dekore können vorderseitig aufgedruckt werden, um Auswaschungen zu vermeiden. So kann der Prozess hinsichtlich Formteilverzug optimiert werden. Häufig ist in dem Fall eine zusätzliche kratzfeste Beschichtung notwendig.

Werkzeugauslegung

- Zusätzlichen Kühlkreislauf im Angussbereich vorsehen. Restliche Bereiche können im Sinne der Verzugsoptimierung mit höheren Werkzeugwandtemperaturen beaufschlagt werden.
- Vergrößerung des Angussquerschnittes zur Vermeidung punktueller thermischer und mechanischer Belastungen und zur Gewährleistung einer gleichmäßigen Temperaturverteilung im Werkzeug.
- Lokale Vergrößerung der Wanddicke im Angussbereich zur Reduzierung der Schubspannung.
- Einbringen zusätzlicher Angusspunkte, um ein gleichmäßiges Temperaturprofil im Sinne der Verzugsoptimierung zu gewährleisten und hohe thermische Belastungen durch lange Fließwege zu vermeiden.
- Kaskaden-Spritzgießen durch das sequenzielle öffnen einzelner Nadelverschlussdüsen beim Einspritzen. So können Fließwege minimiert und gleichmäßige Temperatur- und Schubspannungsverteilungen sichergestellt werden.
- Konturnahe Werkzeugtemperierung vorsehen, um Werkzeugwandtemperaturen zu reduzieren.

Materialauswahl:

- Reduzierung der Foliendicke, um die Schwindungsdifferenzen zu reduzieren und die Wärmeleitung zu verbessern.
- Verwendung von leichtfließenden Materialien mit niedrigen Viskositäten, um Wandschubspannungen zu reduzieren.
- Verwendung von auswaschungsbeständigen Farbsystemen mit einer hohen Temperaturbeständigkeit.
- Verwendung von Füllstoffen zur Verzugsreduzierung.

Zusammenfassend ergeben sich unterschiedliche Möglichkeiten der Prozessoptimierung. Sofern durch eine gezielte Formteilauslegung Auswaschung oder Verzug für die spätere Nutzung unkritisch sind, kann eine Optimierung einzelner Prozessparameter erfolgen. Im Sinne einer ganzheitlichen Optimierung haben die Versuchsergebnisse gezeigt, dass einzelne Parameter oftmals einen gegenläufigen Effekt auf Verzug und Auswaschung haben. Eine ganzheitliche Prozessoptimierung ist häufig nur durch die Materialauswahl, Anguss und Formteilgestaltung möglich.

6 Zusammenfassung und Ausblick

Die Folienhinterspritztechnik ist ein Verfahren zur Herstellung von dekorierten und funktionalisierten Formteilen, welches überwiegend in der Automobilindustrie eingesetzt wird. Die hohen Investitionskosten lassen sich meist nur durch geringe Ausschussraten und kurze Zykluszeiten rechtfertigen. Im Rahmen dieser Arbeit wird ein Prozessmodell zur Beschreibung der Hauptfehlerbilder (Auswaschung, Verzug und Verbundfestigkeit) sowie deren Abhängigkeit von den Prozess-, Material- und Geometriegrößen erarbeitet. Dabei werden die Wechselwirkungen zwischen den Einflussgrößen sowie die Haupteinflussfaktoren betrachtet. Da das Verfahren größtenteils in der Automobilindustrie zum Einsatz kommt, erfolgen die Versuche auf Basis von PC-Werkstoffen. Zur Validierung der Erkenntnisse wird ein zusätzlicher PP-Werkstoff berücksichtigt.

Ausgehend von der Analyse des Folienhinterspritzverfahrens wird eine Modellvorstellung entwickelt. Zusätzlich erfolgt eine analytische Betrachtung der Folienerwärmung und der Wandschubspannung, also der thermischen und mechanischen Randbedingungen. Dabei zeigt sich eine Wechselwirkung zwischen auftretenden Wandschubspannungen und thermischer Belastung. Zunehmende thermische Belastungen gehen meist mit abnehmenden Wandschubspannungen und umgekehrt einher. Anhand der thermischen Simulation wird zudem deutlich, dass die maximale Folientemperatur ca. 0,6 s nach dem Einspritzbeginn erreicht wird. Die Folientemperatur an der Dekorseite wird durch die Schmelzetemperatur und die Folientemperatur an der Werkzeugwandseite durch die Werkzeugwandtemperatur bestimmt. Da auf Grundlage des gegenwärtigen Stands der Technik keine Aussage zum thermischen und mechanischen Einfluss getroffen werden kann, werden diese im experimentellen Teil der Arbeit untersucht.

Die experimentellen Untersuchungen gliedern sich in Versuche zu den Auswaschungen, der Verbundfestigkeit, der Orientierung und dem Verzug. Dabei liegt der Schwerpunkt der Untersuchungen auf den Auswaschungserscheinungen, da diese eine große praktische Relevanz haben und es im gegenwärtigen Stand der Technik gegenläufige Aussagen gibt. Zur Verbundfestigkeit und zum Verzug gibt es eine Vielzahl an Arbeiten im Bereich des konventionellen Spritzgusses. Auf Grundlage dieser Erkenntnisse erfolgt eine Untersuchung zum Parametereinfluss und den Korrelationen, um die gegenseitige Abhängigkeit zu bestimmen.

In der vorliegenden Arbeit werden die Entstehungsmechanismen der Auswaschung anhand von Füllstudien untersucht. Dabei können in Abhängigkeit der Wandschubspannung und der Einspritzzeit zwei wesentliche Entstehungsmechanismen der Auswaschungen abgeleitet werden. Eine Unterscheidung dieser Mechanismen ist mithilfe der Wandschubspannung möglich. Hohe Wandschubspannungen führen zu einem frühzeitigen erosiven bzw. abrasiven Versagen der Dekorschicht und gehen mit dünnen Fließkanalquerschnitten oder einer hohen Viskosität der Schmelze einher. Hingegen führen hohe thermische Belastungen, aufgrund langer Einspritzzeiten, langer Fließwege und hoher Werkzeugwandtemperaturen, zu einer Folienerwärmung. Infolge dieser Erwärmung kommt es zu einer Erweichung der Folie sowie der Dekorschicht und zu geringeren zulässigen Schubspannungen. Die im Rahmen der Modellvorstellung beschriebenen Effekte eines gegenläufigen Einflusses der Temperaturen und Einspritzgeschwindigkeiten spiegeln sich dabei in den Versuchsergebnissen wider.

Neben der Auswaschung der aufgedruckten Dekore wird die Formteilqualität durch Verzug und Verbundfestigkeit zwischen Folie und Substrat bestimmt. Für die Verbundfestigkeit muss die Energie in der Grenzschicht oberhalb der Glasübergangstemperatur liegen. Dabei zeigen sich unterschiedliche Zusammenhänge bei bedruckten und unbedruckten Folien. Bei unbedruckten Folien tritt ein Adhäsionsbruch auf, ein Versagen in der Grenzschicht zwischen Folie und Träger. Die Verbundfestigkeit steigt mit der thermischen Energie in der Grenzschicht, da der Diffusionsprozess und die Brownsche Molekularbewegung begünstigt werden. Bei bedruckten Folien tritt ein kohäsives Versagen in der Dekorschicht auf. Der Einfluss der Prozessparameter auf die Verbundfestigkeit liegt dabei im Bereich der doppelten bzw. innerhalb der Standardabweichung und kann vernachlässigt werden. Als wesentliche Einflussgröße auf die Verbundfestigkeit bedruckter Folien hat sich das Material herausgestellt.

Im Rahmen der Untersuchung des Verzugs werden erstmals Orientierungen der Formteile anhand transparenter Folien bewertet. Dabei zeigt sich ein vom Fließweg abhängiger Orientierungsverlauf sowie eine Abnahme der Orientierung mit der Schmelze- und Werkzeugwandtemperatur. Analog hierzu nimmt auch der Formteilverzug mit einem steigenden Temperaturniveau durch hohe Schmelze- und Werkzeugwandtemperaturen oder niedrige Einspritzgeschwindigkeiten ab, da hohe Temperaturen zu einer Reduzierung der Schwindungsdifferenzen zwischen Folie und Träger führen. Den größten Einfluss hat dabei die Werkzeugwandtemperatur mit einem nahezu linearen Einfluss auf den Verzug. Die Massetemperatur hat bei niedrigen Einspritzgeschwindigkeiten aufgrund der Wärmeleitung ebenfalls einen großen Einfluss auf den Verzug.

Eine ganzheitliche Betrachtung des Prozesses zeigt, dass sich die Prozessoptimierung auf die Zielgrößen Verzug und Auswaschung beschränkt. Die Verbundfestigkeit kann vernachlässigt werden, da der Prozesseinfluss im Bereich der doppelten Standardabweichung liegt. Eine gleichzeitige Optimierung von Verzug und Auswaschung ist jedoch kaum möglich, da der Einfluss der Prozessparameter gegenläufig ist. Eine Steigerung der Grenzschichttemperatur führt zu einer Reduzierung der Schwindungsdifferenzen und somit des Verzugs. Gleichzeitig nimmt die Auswaschung im Angussbereich aufgrund der Reduzierung des E-Moduls der Folie zu. Als Schlüsselgröße für Verzug und Auswaschung hat sich die Werkzeugwandtemperatur herausgestellt. Eine Möglichkeit, Verzug und Auswaschung gleichzeitig zu reduzieren, stellt eine Implementierung verschiedener Kühlkreisläufe im Werkzeug dar. Dennoch sollte bereits bei der Formteilauslegung versucht werden, die kritischen Einflüsse zu vermeiden, sodass Verzug und Auswaschung den späteren Nutzen der Formteile nicht beeinträchtigen. Eine Optimierung bestehender Prozesse hinsichtlich des Verzuges und der Auswaschung kann auf Basis der in der Arbeit gefundenen Zusammenhänge erfolgen. Somit liefert die Arbeit einen Beitrag zum Prozessverständnis beim Folienhinterspritzen und erweitert den derzeitigen Stand der Technik.

Zusammenfassend ergeben sich folgende Fragestellung für nachfolgende Betrachtungen:

- Der Einfluss von verschiedenen Geometrieelementen (3D-Geometrien, Fließhindernisse) und Anspritzsituationen (Filmanguss, Kaskadensteuerung) auf die Formteilqualität (Auswaschung, Verzug, Verbundfestigkeit und Orientierung) ist ungeklärt. Anhand von Fließhindernissen und einer schrittweisen Reduzierung der Wanddicke, könnte der Einfluss der Wandschubspannungen und Temperaturen weiterführend untersucht werden.
- Untersuchung des Materialeinflusses auf die Verbundfestigkeit unter Berücksichtigung der Kontaktzone sowie der Relaxation zwischen Folie und Dekor.
- Untersuchungen des Parametereinflusses auf die Adhäsion zwischen Dekor/Träger und Dekor/Folie und der Kohäsion im Dekor.
- Untersuchungen zum Einfluss des Siebdruckprozesses und des Druckaufbaus auf die Formteilqualität.
- Untersuchung alternativer Herstellungsverfahren durch den Einsatz von gasbeladenen Schmelzen oder dem Spritzprägeverfahren.

Symbolliste

Lateinische Symbole

Formel-zeichen	Bezeichnung	Einheit
A	Koeffizient des Carreau-Ansatzes	$Pa\,s$
A_g	Geometrische Fläche	mm^2
a	Temperaturleitfähigkeit	m^2/s
a_T	Temperaturverschiebungsfaktor	-
B	reziproke Übergangsgeschwindig-keit	s
B	Breite der äußeren Auswaschung	mm
b	Breite der inneren Auswaschung	mm
b	Fließkanalbreite	mm
b	Wärmeeindringzahl	$kJ/(m^2 s^{1/2}\,K)$
C	Steigung der Viskositätsfunktion	-
c	Spez. Wärmekapizität	$J/(kg\,K)$
D	Außendurchmesser der Auswa-schung	mm
D_s	Diffusionskonstante	mm^2/s
d	Innendurchmesser der Auswa-schung	mm
d	Wanddicke	mm
d_{ver}	Verlustfaktor	-
E	E-Modul	MPa

Formelzeichen	Bezeichnung	Einheit
e	Schnittstelle von Schergeschwindigkeit eines newtonschen und strukturviskosen Fluids	-
F	Kraft	N
F_{max}	maximale Schälkraft	N
G	Schubmodul	Pa
h	Fließkanalhöhe	mm
$K(T)$	Fließgesetzkoeffizienten	Ns^n/m^2
$\mathrm{K_{0T}}$	Nullviskosität	Ns^n/m^2
l	Länge	mm
$\mathrm{l_G}$	Länge des Makromoleküls	nm
L/D	Verhältnis von Länge zu Durchmesser	-
m	Stoffmasse	kg
M	Biegemoment	Nm
$\mathrm{N_G}$	Anzahl der eindiffundierten Moleküle	-
n	Probenanzahl	-
n	Fließexponent	-
Or	Orientierung	-
p	Druck	Pa
$\dot{Q}$	Wärmestrom	W
Q	Wärmeenergie	J
R	Wärmewiderstand	K/W
R_w	Gesamtwärmewiderstand	K/W

Formel-zeichen	Bezeichnung	Einheit
r	radiale Richtung	-
T	Temperatur	$°C$
T_B	Bezugstemperatur	$°C$
T_E	Entformungstemperatur	$°C$
T_g	Glasübergangstemperatur	$°C$
T_K	Kontakttemperatur	$°C$
T_m	Kristallschmelzetemperatur	$°C$
T_{mittel}	mittlere Temperatur	$°C$
$\mathrm{T_S}$	Schmelzetemperatur	$°C$
$\mathrm{T_{St}}$	Standardtemperatur	$°C$
T_t	Übergangstemperatur	$°C$
T_W	Werkzeugwandtemperatur	$°C$
T_0	Referenztemperatur bei 0 °C	$°C$
t	Formteildicke (Versuchsauswer-tung)	mm
t	Zeit	s
t_c	Kontaktzeit	s
t_{Ein}	Einspritzzeit	s
v	Geschwindigkeit	m/s
v_F	Fließfrontgeschwindigkeit	m/s
v_s	Spezifisches Volumen	m^3/kg
$\dot{V}$	Volumenstrom	m^3/s
$\sqrt{\overline{\Delta x^2}}$	Mittlere Eindringtiefe	mm

Formel-zeichen	Bezeichnung	Einheit
x, y, z	Koordinaten	-
z_F, z_T	Abstand von Folie & Träger zur neutralen Faser	mm

Griechische Symbole

Formel-zeichen	Bezeichnung	Einheit
α	Wärmeübergangskoeffizient	$W/(m^2K)$
α_T	Ausdehnungskoeffizient	$1/K$
β	Exponenten des Potenzgesetzkoef-fizienten	-
γ	Scherwinkel	°
$\dot{\gamma}$	Schergeschwindigkeit	$1/s$
δ	Randschichtdicke	μm
ϵ	Dehnung	-
η	Viskosität	$Pa\,s$
ϑ	Winkel zwischen der Hauptrich-tung der Molekülsegmente und der betrachteten Richtung	°
ϑ_{Diss}	Dissipation	J
λ	Wärmeleitfähigkeit	$W/(m\,K)$
μ	Reibungskoeffizient	-
ν	Querkontraktionszahl	-
ρ	Dichte	g/cm^3
σ	Spannung	Pa
σ_F, σ_T	Stauchung von Folie und Träger	Pa
σ_v	Verbundfestigkeit	Pa
τ	Schubspannung	Pa
τ_R	Wandschubspannung	Pa

Abkürzungen

Abkürzung	Bezeichnung
PC	Polycarbonat
PP	Polypropylen
UP	Umschaltpunkt auf Nachdruck
EZ	Einspritzzeit
IML	In-Mould-Labeling Technik
IMD	In-Mould-Decoration Technik
FIM	Film Insert Molding
PMMA	Polymethylmethacrylat
ASA	Acrylnitril-Styrol-Acrylester
ABS	Acrylnitril-Butadien-Styrol
PET	Polyethylenterephthalat
WLF-Beziehung	Williams-Landel-Ferry-Gleichung
DMA	Dynamisch-mechanische Analyse
CAE	Computer Aided Engineering
SD	Standardabweichung
MVR	Melt Volume Rate (Schmelzflussindex)

Indizes

Index	Bezeichnung
AS	Auswerferseite
D	Dekor
DS	Düsenseite
F	Folie
FS	Übergang von Folie zu Schmelze
FW	Übergang von Folie zu Werkzeug
K	Kühlzeit
l	Längsrichtung
N	Nachdruck
R	Rand
S	Schmelze
T	Träger
W	Werkzeugwand

ABBILDUNGS- UND TABELLENVERZEICHNIS

Abbildungsverzeichnis

Tabellenverzeichnis

LITERATURVERZEICHNIS

[AaA99] Aasetre, S.; Andreassen, E.: Distribution of material in an injection-molded container, SPE/ANTEC 1999 Proceedings, 1999

[Ame09] Amesöder, S.: Wärmeleitende Kunststoffe für das Spritzgießen, Dissertation, Technische Universität Erlangen Nürnberg, 2009

[Bac85] Backhaus, J.: Gezielte Qualitätsvorhersage bei thermoplastischen Spritzgießteilen, Dissertation, RWTH Aachen, 1985

[Bal12] Balke, H.: Einführung in die Technische Mechanik: Festigkeitslehre, 2. Auflage, Berlin Heidelberg: Springer-Verlag, 2010

[BaS13] Baehr, H. D.; Stephan, K.: Wärme- und Stoffübertragung, 8. Auflage, Berlin Heidelberg: Springer-Verlag, 2013

[Bay65] N.N.: Datenblatt der Covestro GmbH zur Kunststoffformmasse Bayblend T 65 XF, 2018

[BaB87] Bauer, A.; Bischhof, C.: Haftfestigkeitsuntersuchungen an Metall-Polymer-Verbunden. VI: Über die Aussagefähigkeit der Prüfmethoden zur Ermittlung der Haftung im Metall-Polymer-Verbund, Plaste und Kautschuk Vol. 34, No. 9, 1987

[BBL83] Bischof, C.; Bauer, A.; Leonhardt, H.W.: Haftfestigkeitsuntersuchungen an Metall-Polymer-Verbunden I - Theoretische und experimentelle Grundlagen - Stand und Grenzen der Prüfmethoden, Plaste und Kautschuk, Band 30, 1983

[Bea12] Beaumont, J.: Auslegung von Anguss und Angusskanal, 2 Auflage, München: Carl Hanser Verlag, 2012

[BGH94] Brochard-Wyart, F.; Gennes, P.-G.de; Hervert, H.; Redon, C.: Wetting and Slippage of Polymer Melts on Semi-ideal Surfaces, Langmuir: the ACS journal of surfaces and colloids, 1994

[BHB91] Birley, A.; Haworth, B.; Batchelor, J.: Physics of Plastics: Processing, Properties and Materials Engineering, München: Carl Hanser Verlag, 1991

[BiP83] Bischof, C.; Possart, W.: Adhäsion: Theoretische und experimentelle Grundlagen, Berlin: Akademie-Verlag, 1983

[BKL08] Baek, S. J.; Kim, S. J.; Lee, S. H.; Youn, J. R.; Lee, S. H.: Effect of Processing Conditions on Warpage of Film Insert Molded Parts, Fibers and Polymers, Vol.9, Issue 6, 2008

[BLM87] Brummel, M.; Linhart, J.; Macku, T.: Beziehung zwischen ausgewählten technologischen Parametern und der Schwindung von Spritzgußteilen aus einem Polypropylenverbund, Plaste und Kautschuk Vol. 34, No. 11, 1987

[Blu96] Blum, R.: Verbesserte Temperaturkontrolle beim Kunststoffspritzgießen, Dissertation, RWTH Aachen, 1996

[BOR13] Baur, E.; Osswald,T. A.; Rudolph, N.; Brinkmann, S.; Schmachtenberg, E.: Saechtling Kunststoff Taschenbuch, 31. Auflage, München: Carl Hanser Verlag, 2013

[BoY74] Bowden, P. B., Young, R. J.: Deformation Mechanisms in Crystalline Polymers, Journal of Materials Science, Vol. 9, Issue 12, 1974

[BRE96] Bürkle, E.; Rehm, G.; Eyerer, P.: Hinterspritzen und Hinterpresssen, Kunststoffe 3/ 1996, München: Carl Hanser Verlag, 1996

[BrG92] Brochard, F.; De Gennes, P. G.: Shear-dependent slippage at a polymer/solid interface, Langmuir 8, 12, 1992

[Bri96] Brinkmann, S: Verbesserte Vorhersage der Verbundfestigkeit von 2-Komponenten – Spritzgießbauteilen, Dissertation, RWTH Aachen, 1996

[Bru06] Brunotto, R.: Die thermodynamischen und verfahrenstechnischen Abläufe der in-situ-Oberflächenmodifizierung beim Spritzgießen, Dissertation, Chemnitz, 2006

[BuP61] Buschel, H.; Peters, H.: Die Rolle der Schwindung beim Spritzgießen von Polyäthylen hoher Dichte, Teil 1 und 2, Kunststoffe, Band 51, 1961

[BYJ99] Beaumont, J.P.; Young, J.H.; Jaworski, M.J.: Mold Filling Imbalances in Geometrically Balanced Runner Systems, JOURNAL OF REINFORCED PLASTICS AND COMPOSITES, Vol. 18, Issue 6, 1999

[Bür97] Bürkle, E.: Foliendekoration - Oberflächenveredelung mit Zukunft, Kunststoffe 3/ 1997, München: Carl Hanser Verlag, 1997

[BöW11] Böckh, P.; Wetzel, T.: Wärmeübertragung - Grundlagen und Praxis, 4. Auflage, Berlin Heidelberg: Springer-Verlag, 2011

[Car90] Carlowitz, B.: Kunststoffe Handbuch 1: Die Kunststoffe – Chemie, Physik, Technologie, München: Carl Hanser Verlag, 1990

[CCC09] Chang, Y.-P.; Chen, H.-L.; Chen, S.-C.; Wang, Y.-C.: Study On The Mold Temperature Variation During In Mold Decoration Process, Society of Plastics Engineers ANTEC, 2009

[Cho00] Choi, N.S.; Takahashi, K.: Orientation of the skin layer in molded blends of thermotropic liquid crystalline polymer and polyamide, 6. Journal of Materials Science Letters, Vol. 19, 2000

[Chr02] Christ, B.: Plastic Deformation of Polymers, Materials Science and Technology, Vol. 12, 2002

[ClM04] Cleveland, S.R.; Magenau, A.J.: Isolating and Quantifying the Development of Shear vs. Pressure Generated Heat in the Plastic Melt During Injection Molding, Society of Plastics Engineers, ANTEC 2004 conference proceedings, 2004

[CLH10] Chen, S.-C.; Li, H.-M.;Huang, S.-T.; Wang, Y.-C.: Effect of decoration film on mold surface temperature during in-mold decoration injection molding process, International Communications in Heat and Mass Transfer, Vol. 37, Issue 5, 2010

[Dap15] N.N.: Datenblatt der Borealis GmbH zur Kunststoffformmasse Daplen EE 158 AL, 2015

[DiW78] Dietz, W.; White, J. L.: Ein einfaches Modell zur Berechnung des Druckverlustes während des Werkzeugfüllvorganges und der eingefrorenen Orientierung beim Spritzgießen amorpher Kunststoffe, Rheologica Acta 17, No. 6, 1978

[DIN95] Deutsches Institut für Normung e.V.: Klebstoffe - Bezeichnung der wichtigsten Bruchbilder, DIN EN ISO 10365, 1995

[DIN10] Deutsches Institut für Normung e.V.: Klebstoffe - Bestimmung des Schälwiderstandes von Klebungen - Rollenschälversuch, DIN EN 1464, 2010

[Dom08] Dominghaus, H.: Kunststoffe: Eigenschaften und Anwendungen, 7. Auflage, Berlin Heidelberg: Springer-Verlag, 2009

[Dut00] Dutschk, V.: Oberflächenkräfte und ihr Beitrag zu Adhäsion und Haftung in glasfaserverstärkten Thermoplasten, Dissertation, TU Dresden, 2000

[DWC78] Dietz, W.; White, J. L.; Clark, E. S.: Orientation development and relaxation in injection molding of amorphous polymers, Polymer Engineering and Science, Vol. 18, Issue 4, 1978

[Eff96] Effen, B.: Theoretische und experimentelle Untersuchungen zur rechnergestützten Auslegung und Optimierung von Spritzgiessplastifiziereinheiten, Dissertation, RWTH Aachen, 1996

[EHE08] Eyerer, P.; Hirth, T.; Elsner, P.: Polymer Engineering - Theorie und Praxis, 1. Auflage, Berlin Heidelberg: Springer-Verlag, 2008

[Ehr04] Ehrenstein, G.W.: Handbuch Kunststoff - Verbindungstechnik, 1. Auflage, München: Carl Hanser Verlag, 2004

[EnB99] Enewoldsen, P.; Braun, H.: Folienhinterspritzen - Dekorieren in der Spritzgießmaschine, Kunststoffe 09/1999, München: Carl Hanser Verlag, 1999

[Erf20] Erfurt, H. P: Persönliche Mitteilung, Pröll GmbH, Weißenburg in Bayern, 2020

[Erh08] Erhard, G.: Konstruieren mit Kunststoffen, 4. Auflage, München: Carl Hanser Verlag, 2008

[Gal94] Galuschka, S.: Hinterspritztechnik - Herstellung von textilkaschierten Spritzgießteilen, Dissertation, RWTH, 1994

[GFD07] Grote, K.-H.; Feldhusen, J.; Dubble, H.: Dubbel: Taschenbuch für den Maschinenbau, 22. Auflage, Berlin Heidelberg: Springer-Verlag, 2007

[Gie95] Gieße, M.: Adhäsive Kunststoff-Metall- und Kunststoff-Kunststoff-Verbindungen im Hinblick auf die Spritzgußverarbeitung, Dissertation, Universität Erlangen-Nürnberg, 1995

[GoF98] Goveas, J.L.; Fredrickson, G.H.: Apparent slip at a polymer-polymer interface, The European Physical Journal B - Condensed Matter and Complex Systems, Vol. 2, Issue 1, 1998

[Gre99] Grafenstein, A.: Folienhinterspritzen statt lackieren. Neue Technik für Karosserieteile aus Kunststoff, Metalloberfläche, Vol. 53, Issue 10, 1999

[GrS15] Grellmann, W.; Seidler, S.: Kunststoffprüfung, 3. Auflage, München: Carl Hanser Verlag, 2015

[Hab05] Habenicht, G.: Kleben – Grundlagen, Technologien, Anwendungen, 6 Auflage, Berlin Heidelberg: Springer-Verlag, 2005

[Hae12] Härtig, T.: Stoffübertragung beim Spritzgießen, Dissertation, TU Chemnitz, 2012

[Här88a] Härtel, V.: Das Binden von Gummi auf Substrate, Gummi Fasern Kunststoffe, Vol. 41, Issue 6, 1988

[Har96] Hartwig, K.: Simulation der Streckblasverfahren und Charakterisierung des prozeßrelevanten Materialverhaltens, Dissertation, RWTH Aachen, 1996

[Her49] Hermans, P. H.: Physics and Chemistry of Cellulose Fibres with particular reference to rayon, Elsevier's polymer series, 1949

[HMS95] Hering, E.; Martin, R.; Stoher, M.: Physik für Ingenieure, 6. Auflage, Berlin Heidelberg: Springer-Verlag, 1995

[Hov84] Hoven-Nievelstein, W. B.: Die Verarbeitungsschwindung thermoplastischer Formmassen, Dissertation, RWTH Aachen, 1984

[Isa83] Isayev, A.I.: Orientation development in the injection molding of amorphous polymers, Polymer Engineering and Science, Vol. 23, Issue 5, 1983

[IsH80] Isayev, A.I.; Hieber, C.A.: Toward a viscoelastic modelling of the injection molding of polymers, Rheologica Acta, Vol. 19, 1980

[Jab94] Jabbari, E.; Peppas, N.A.: Polymer-Polymer Interdiffusion and Adhesion, Journal of Macromolecular Science, Vol. 34, Issue 2, 1994

[Jan83] Janeschitz-Kriegl, H.: Polymer Melt Rheology and Flow Birefringence, Berlin Heidelberg: Springer-Verlag, 1983

[Jar94] Jaroschek, C.: Spritzgießen von Formteilen aus mehreren Komponenten, Dissertation, RWTH Aachen, 1994

[Jar13] Jaroschek, C.: Spritzgießen für Praktiker, 3. Auflage, München: Carl Hanser Verlag, 2013

[Jon99] Jones, R.A.L.; Richards, R.W.: Polymers at Surfaces and Interfaces, Cambridge: University Press, 1999

[JoW04] Johannaber, F.; Michaeli, W.: Handbuch Spritzgießen, 2. Auflagen, München: Carl Hanser Verlag, 2004

[Jue03] Jüttner, G.: Fließinduzierte Orientierungen in spritzgegossenen LCP-Teilen, Dissertation, TU Chemnitz, 2003

[Jür69] Jürgens, W.: Untersuchungen zur Verbesserung der Fomteilqualität beim Spritzgießen teilkristalliner und amorpher Kunststoffe, Dissertation, RWTH Aachen, 1969

[KaB94] Kaufmann, G.; Bagusche, G.: Werkzeug und Heißkanal in der Hinterspritztechnik, Kunststoffe 3/1994, München: Carl Hanser Verlag, 1994

[KaT79] Kamal, M.R.; Tan, V.: Orientation in Injection Molded Polystyrene, Polymer Engineering and Science, Vol. 19, Issue 8, 1979

[Kau96] Kaufmann, G.: Know-How für das Hinterspritzen - Spritzgießen und Kaschieren in einem Arbeitsgang, Kunststoffe 11/1996

[KiS09] Kienzler, R.; Schröder, R.: Einführung in die Höhere Festigkeitslehre, 1. Auflage, Berlin Heidelberg: Springer-Verlag, 2009

[KLF87] Koppelmann, J.; Fleischmann, E.; Leitner, G.: Bildung orientierter Randschichten in Spritzgußplatten aus Polypropylen, Rheologica Acta, Vol. 26, Issue 6, 1987

[Kow01] Kowalski, P.: Dauerhaft beständig - Hochtemperaturstabiles IMD-Farbsystem, Kunststoffe 7/2001, München: Carl Hanser Verlag, 2001

[Kss15] N. N: Angussarten im Spritzgießwerkzeug, Online verfügbar unter: http://Kunststoff.bearx.de/ausbildung/anguss.htm, zuletzt geprüft: 28.10.2020

[Kue05] Kühnert, I.: Grenzflächen beim Mehrkunststoffspritzgießen, Dissertation, TU Chemnitz, 2005

[Kuh99] Kuhmann, K.: Prozeß- und Materialeinflüsse beim Mehrkomponentenspritzgießen, Dissertation, Universität Erlangen-Nürnberg, 1999

[LaF11] Larpsuriyakul, P.; Fritz, H. G.: Warpage and Countermeasure for Injection-Molded In-Mold Labeling Parts, Polymer Engineering and Science, Vol. 51, Issue 3, 2011

[LCC14] Lin, Y.-H.; Chen, H.-L.; Chen, S.-C.; Lin, Y.-C.: Effect of asymmetric cooling system on in-mold roller injection molded part warpage, International Communications in Heat and Mass Transfer, Vol. 61, 2014

[LCH13] Lee, D.; Chen, W.-A.; Huang, T.-W.; Liu, S.-J: Factos influencing the warpage in In-Mold decoration inkection Molded Composites, International Polymer Processing, Vol. 28, Issue 2, 2013

[LeH08] Leong, Y.W.; Hamada, H.: Interfacial Characteristics of Film Insert Moldings Consiting of Semicrystalline and Amorphous Polymers, Asian workshop on polymer processing, 2008

[LHC12] Liu. S.-J.; Hsu, C.-M.; Chang, P.-W.: Parameters Affecting the Ink Wash-off in In-mold-Decoration of injection Molded Parts, International polymer processing, Vol. 27, Issue 2, 2012

[LIK06] Leong, Y.W.; Ishiaku, U.S.; Kotaki, M.; Hamada, H.: Interfacial characteristics of film insert molded polycarbonate film/ polycarbonate-acrylonitrile-butadiene-styrene substrate, part 1: Influence of substrate molecular weight and film thickness. Polymer Engineering & Science, Vol. 46, Issue 12, 2006

[Mak18] N.N: Datenblatt der Covestro GmbH zur PC-Folie Makrofol® DE 1-4 011267, Ausgabe 2018-09-10

[Mak22] N.N.: Datenblatt der Covestro GmbH zur Kunststoffformmasse Makrolon 2205, 2019

[Mak24] N.N.: Datenblatt der Covestro GmbH zur Kunststoffformmasse Makrolon 2405, 2019

[Men08] Mennig, G.: Werkzeugbau in der Kunststoffverarbeitung – Bauarten, Herstellung, Betrieb, 5. Auflage, München: Carl Hanser Verlag, 2008

[Men88] Mennig, G.: Die Bindenaht in der Kunststoffverarbeitung, Materialwissenschaft und Werkstofftechnik, Vol. 19, Issue 11, 1988

[MeW73] Menges, G.; Wübken, G.: Influence of Processing Conditions on Molecular Orientation of Injection Molds, 31st ANTEC 519, 1973

[MHV88a] Mavridis, H.; Hrymak, A.N.; Vlachopoulos, J.: The Effect of Fountain Flow on Molecular Orientation in Injection Molding, Journal of Rheology, Vol.32, Issue 6, 1988

[Mic10] Michaeli, W.: Einführung in die Kunststoffverarbeitung, 6. Auflage, München: Carl Hanser Verlag, 2010

[MiW02] Michaeli, W.; Wielpütz, M.: Flexible Oberflächengestaltung durch Dekorfolien. Kunststoffe 4/2002, 2002

[MMM01] Menges, G.; Michaeli, W.; Mohren, P.: How to Make Injection Molds, 3. Auflage, München: Carl Hanser Verlag, 2001

[MMM07] Menges, G.; Michaeli, W.; Mohren, P.: Spritzgießwerkzeuge: Auslegung, Bau, Anwendung, 6. Auflage, München: Carl Hanser Verlag, 2007

[Moo83] Moos, K.-H.: Nukleierung und Schwindung von Thermoplast-Spritzgussteilen, Plastverarbeiter, Vol. 34, Issue 4, 1983

[MSK98] Mogilevsky, M.; Siegmann, A.; Kenig, S.: Thermoforming of liquid crystalline polymer sheets, Polymer Engineering & Science, Vol. 38, Issue 2, 1998

[Neo96] Neogi, P.: Diffusion in Polymers, New York: Marcel Dekker, 1996

[NGC11] Nguyen-Chun, T.; Löser, C.; Jüttner, G.; Obadal, M.; Pham, T.; Gehde, M.: Analyse der Morphologie spritzgegossener Mikrobauteile, Zeitschrift Kunststofftechnik / Journal of Plastics Technology, Vol. 7, Issue. 3, 2011

[Ngu01] Nguyen-Chung, T.: Strömungsanalyse der Bindenahtformation beim Spritzgießen von thermoplastischen Kunststoffen, Dissertation, TU Chemnitz, 2001

[NJP08] Nguyen-Chung, T.; Jütter, G.; Pham, T.: Die Bedeutung präziser Randbedingungen für die Simulation des Mikrospritzgießens, Jurnal of Plastics Technology, Vol. 4, Issue 6, 2008

[Nor20] N.N.: Datenblatt der Pröll GmbH zum Farbsystem NORIPHAB HTR N, 2020

[Obe99] Obermann, C.: Theoretische und experimentelle Untersuchungen zum Durchsatz- und Leistungsverhalten von Glattrohr-Plastifiziereinheiten, Dissertation, Universität Paderborn, 1999

[OsM12] Osswald, T.; Menges, G.: Material Science of Polymers for Engineers, 3. Auflage, München: Carl Hanser Verlag, 2012

[Oss11] Osswald, T.: Understanding Polymer Processing: Processes and Governing Equations, 2. Auflage, München: Carl Hanser Verlag, 2011

[Pac05] Packham, D.E.: Handbook of Adhesion, 2. Ausgabe, New Jersy: Wiley, 2005

[Per98] Perez, J.: Physics and Mechanics of Amorphous Polymers, 1. Auflage, Taylor & Francis Ltd., 1998

[PGa80] Potente, H.; Gabler, K.: Schweißen unterschiedlicher Thermoplaste, Plastverarbeiter, Vol. 31, Issue: 4, 1980

[Pic14] N.N.: Vorläufiges Datenblatt der Sihl GmbH zur PP Folie PricoFFORM T DC, 2014

[Pot04] Potente, G.: Fügen von Kunststoffen, 1. Auflage, München: Carl Hanser Verlag, 2004

[PrN12] Pruner, H.; Nesch, W.: Spritzgießwerkzeuge kompakt: Ein Praxisbuch für Einsteiger, 1. Auflage, München: Carl Hanser Verlag, 2012

[Prö20] Erfurt, H. P: Persönliche Mitteilung, Pröll GmbH, Weißenburg in Bayern, 2020

[Pöt91] Pötsch, G.: Prozesssimulationen zur Abschätzung von Schwindung und Verzug thermoplastischer Spritzgussteile, Dissertation, RWTH Aachen, 1991

[ReL91] Retting, W.; Laun, H.M.: Kunststoff-Physik Taschenbuch, 1. Auflage, München: Carl Hanser Verlag, 1991

[Ret75] Retting, W.: Orientierung, Orientierbarkeit und mechanische Eigenschaften von thermoplastischen Kunststoffen, Colloid & Polymer Science, Vol. 253, Issue 10, 1975

[SaH99] Samba, T.; Hamada, H.: Weld line strength in PC/ABS injection moldings, International Polymer Processing, Vol. 14, Issue 4, 1999

[Sch09] Schunk, M.: Kompatibilitätsprinzipien beim Montagespritzgießen, Dissertation, Universität Erlangen, 2009

[Sch18] Schröder, T.: Rheologie der Kunststoffe: Theorie und Praxis, 1. Auflage, München: Carl Hanser Verlag, 2018

[Sch78] Schauf, D.: Zusammenhänge zwischen Schwindung, Orientierung, Toleranzen und Verzug bei der Herstellung von Präzisionsformteilen, Plaste und Kautschuk, Vol. 25, Issue: 11, 1978

[Sch86] Schmidt, T. W.: Zur Abschätzung der Schwindung, Dissertation, RWTH Aachen, 1986

[Sch94] Schöppner, V.: Simulation der Plastifiziereinheit von Einschneckenextrudern, Dissertation, Universität Paderborn, 1994

[ScP71] Schlunke, M.; Paschke, E.: Der Einfluss der Verarbeitungsbedingungen auf die Maßabweichung von Spritzgußteilen aus Acetalcopoymerisat und Polypropylen, Plastverarbeiter, Vol. 22, Issue 2, 1971

[Sei63] Seidler, P.O.: Neuere Theorien der Adhäsion von Hochpolymeren, ADHÄSION, Band 7, 1963

[SKT20] Waltershausen, SKT: Persönliche Mitteilung, Schuster Kunststofftechnik GmbH, Waltershausen in Thüringen, 2020

[StG97] Steinbichler, G.; Gießauf, J.: Thermoformen im Spritzgießwerkzeug, Kunststoffe, 10/1997, 1997

[StG98] Steinbichler, G.; Gießlauf, J: Das Maß ist das Ziel, Kunststoffe, 9/1998, 1998

[Sti73] Stitz, S.: Analyse der Formteilbildung beim Spritzgießen von Plastomeren als Grundlage für die Prozesssteuerung, Dissertation, RWTH Aachen, 1973

[Str78] Struik L.C.E.: Orientation effects and cooling stresses in amorphous polymers, Polymer Engineering & Science, Vol. 18, Issue 10, 1978

[Sun95] Sung, W.: Slippage of linear flows of entangled polymers on surfaces, Physical Review E, Vol. 51, Issue 6, 1995

[Tad74] Tadmor, Z.: Molecular orientation in injection molding, Journal of Applied Polymer Science, Vol. 18, Issue 6, 1974

[TaG13] Tadmor, Z.; Gogos, C. G.: Principles of Polymer Processing, 2. Auflage, New Jersy: Wiley, 2013

[Thi77] Thienel, P.: Der Formfüllvorgang beim Spritzgießen von Thermoplasten, Dissertation, RWTH Aachen, 1977

[THM93] Tomari, K.; Harada, T.; Maekawa, Z.; Hamada, H.; Iwamoto, M.; Ukai, A.: Fracture Toughness of Weldlines in Thermoplastic Injection Molding, Polymer Engineering and Science, Vol. 33, Issue 15, 1993

[Tij97] Ten Tije, H.: Im Formnest fixiert, Plastverarbeiter, Vol. 48, Issue 3, 1997

[TTH90] Tomari, K.; Tonogai, S.; Harada, T.; Hamada, H.; Lee, K.; Morii, T.; Maekawa, Z.: The V-notch at Weld Lines in Polystyrene Injection Moldings, Polymer Engineering and Science, Vol. 30, Issue 15, 1990

[Van06] Vancso, G.; Reiter, J.: Ordered Polymeric Nanostructures at Surfaces, Advances in polymer science, Vol. 200, Berlin Heidelberg: Springer-Verlag, 2006

[VaN09] Van Krevelen, D.W.; Te Nijenhuis, K.: Properties of Polymers - Their Correlation with Chemical Structure; their Numerical Estimation and Prediction from Additive Group Contributions, 4. Auflage, Elsevier Science, 2009

[Via04] Viana, J.C.: Development of the skin layer in injection moulding: phenomenological model, Polymer - The international Journal for the Science and Technology of Polymers and Biopolymers, Vol. 45, Issue 3, 2004

[Voy63] Vojuckij, S. S.: Autohesion and Adhesion of High Polymers, Polymer Reviews, Vol. 4, 1963

[Wal68] Walter, A.H.: Die Grundlagen der Adhäsionstheorien, ADHÄSION, Vol. 12, 1968

[Wal76] Wales, J.L.S.: The application of flow birefringence to rheological studies of polymer melts, 1. Auflage, Delft: University Press, 1976

[Wan85] Wang, V.-W.: Dynamic simulation with graphics for the injection molding of three-dimensional thin parts, Dissertation, Cornell University, 1985

[Wan93] Wank, J.: Spritzgießteile mit Oberflächendekor: Vergleich der Verfahren, Plastverarbeiter Vol. 44, Issue 7, 1993

[Wie03] Wielpütz, M.: Analyse der Hinterspritztechnik kompakter Dekormaterialien, Dissertation, RWTH Aachen, 2003

[Wil97] Wilmsen, M.: Entwicklung und Einsatz der Hinterspritztechnologie, Kunststoffberater, Vol. 42, Issue 3, 1997

[Wim95] Wimberger-Friedl, R.: The assessment of orientation, stress and density distribution in injection-molded amorphous polymers by optical techniques, Progress in polymer science, Vol. 20, Issue 3, 1995

[Wim96] Wimberger-Friedl, R.: Molecular Orientation in Polycarbonate Induced by Cooling Stresses, International Polymer Processing, Vol. 11, Issue 4, 1996

[WiM99] Wielpütz, M.; Michaeli, W.: Folienhinterspritztechnik, Seminar Simulation heute für das nächste Jahrtausen, SKZ Würzburg, 1999

[Woe77] Woebcken, W.: Einfluss der Verarbeitung auf die Maßhaltigkeit von thermoplastischen Spritzgußteilen, Kunststoffe, Band 67, 1977

[Woe81] Woebcken, W.: Erfahrung bei der Qualitätskontrolle und Gütesicherung von Kunststoffen - Erzeugnissen unter besonderer Berücksichtigung des Formteilverzugs, Kunststoffe, Band 71, 1981

[WoS67] Wöbken, W.; Seus, E.: Die Schwindung von Polyäthylen und ihre Abhängigkeit von den Verarbeitungsbedingungen, Kunststoffe, Band 57, 1967

[Woy16] Woyan, F.: Möglichkeiten beim Hinterspritzen von Halbzeugen, Tagung: Folien und Fahrzeuge 2016, Frankfurt, 2016

[WSK14] Woyan, F.; Koch, M.; Schneidmadel, S.: Process Parameters Affecting the Quality of Functionalized In-Mold Decoration Injection Molded Composites, 58th IWK, Ilmenau, 2014

[Wue74] Wübken, G.: Einfluss der Verarbeitungsbedingungen auf die innere Struktur thermoplastischer Spritzgussteile unter besonderer Berücksichtigung der Abkühlverhältnisse, Dissertation, RWTH Aachen, 1974

[YaG98] Yarin, A. L.; Graham, M. D.: A model for slip at polymer/solid interfaces, Journal of Rheology, Vol. 42, Issue 6, 1998

[YCH06] Yang, J-P; Chen, S-C; Hsu, P-M, Hwang, S-S: Ink Washout Problem of In-Mold-Decoration by Microcellular Injection Molding, SPE/ANTEC 2006 Proceedings, 2006

[YSP90] Yu, Chi J.; Sunderland, J. E.; Poli, nC.: Thermal contact resistance in injection molding, Polymer Engineering and Science, Vol. 30, Issue 24, 1990